岩波科学ライブラリー 288

海洋プラスチック汚染

「プラなし」博士、ごみを語る

中嶋亮太

岩波書店

目 次

カバー写真＝相模湾水深一三四四メートルで撮影されたレジ袋と深海魚(一九九九年撮影)Ⓒ JAMSTEC

1　どこもかしこもプラスチック！

プラスチック汚染からは逃げられない

広い太平洋の真ん中に浮かぶ無人島を想像してほしい。誰も住んでいない、誰も訪れることもない、世界中のどの大陸からも遠く離れ、人間活動から最も隔離されている島だ。英国領ピトケルン諸島のヘンダーソン島はまさにそのような島で、最も近い都市でさえ五〇〇〇キロメートル以上も離れている。

五年から十年に一度だけ、調査目的のために限られた人だけが上陸を許される、まさに人間活動とは無縁の島だ。そんな島の海辺の風景を、あなたならどう思い浮かべるだろうか？美しい海を望む自然豊かな最後の楽園。そんな海辺を想像するかもしれない。

しかしこの島の浜辺にはおびただしい数のプラスチックごみが散らばっている。推定で約四〇〇〇万個のプラスチックごみがビーチに散乱しているのだ。毎日三五〇〇個以上のプラスチックごみがこの島の浜に打ち上がっている[1]。この島は、南太平洋環流と呼ばれる海流の中心付近に位置するため、主に南アメリカから海流にのって運ばれて来るごみや、漁業船から捨てられ流れつくごみの溜まり場になっていたのだ。

北に目を向けてみよう。人間活動から遠く離れた北極は、当然汚染されていないと思われていた。しかしここでもマイクロプラスチック(小さなプラスチックの粒)が見つかっている。[2]ノルウェー・スヴァールバル諸島の南と南西に位置する北極海で行われた調査では、水面付近で採水したすべての海水からマイクロプラスチックが見つかり、深い場所ではもっとたくさん見つかった。北極の氷の中からも数多くの明るい色のプラスチック片が見つかっている。海水が凍るとき、海水中のマイクロプラスチックが氷中に閉じ込められたのだ。

今度は南極に目を向けてみる。予想通りというか、やはり南極海もプラスチックで汚染されている。[3]南極海の海表面と海底の堆積物からもマイクロプラスチックが見つかったのだ。[4]これら一連の報告は、地球上のどんなに遠く離れた場所にもプラスチックは存在し、もはやプラスチック汚染からは逃げられないことを物語っている。

今日、世界中の海の表層に浮いているマイクロプラスチックは控えめに見積もっても五兆個より多く、その数は銀河系の星の数よりも多い。[5]海の表層だけではない。プラスチック汚染は海洋の隅々に広がっており、深海底のどこにでもあるし、海塩からもでてくる。世界中どこを探しても、プラスチックが見つからない海はおそらくもう存在しない。海のどこにプラスチックがあるのかと質問するのはナンセンスで、プラスチックのない海はまだあるのかと疑問を投げかけるべきだ。

プラスチックの何が問題なのか？

なぜこんなにも海のいたるところにプラスチックがあふれているのだろうか。それは毎年約一〇〇〇万トンのプラスチックが海に漏れ出しているからだ。[6]今、世界中で毎年四億トンのプラスチックが生産され、大部分はまたたく間にごみとなり、一部が海に漏れ出している。

プラスチックごみをぱんぱんにつめた六つのレジ袋を思い浮かべてほしい。それを一つ一つ上に積み上げてみる。今度は積み上げた六つの袋を世界中の海岸線に沿って三〇センチメートルおきに並べていく。そう、アジア、北米、南米、ヨーロッパ、アフリカ、オーストラリア、南極すべての大陸の海岸線だ。それが毎年海に流れ込む一〇〇〇万トンのプラスチックのだいたいのイメージだ。

この本を手にしながら周囲を見わたしてほしい。プラスチック製品が見つからないことはまずないだろう。歯ブラシやスマホのケース、ノートパソコン、メガネ、子どものオモチャ、着ている服でさえ大半はプラスチック（化学繊維）だ。

外食中なら、使っている食器やフォークはプラスチック製かもしれないし、コーヒーをテイクアウトすればプラスチックのフタがついてくる。紙コップだって水が漏れないように内側はプラスチックでコーティングされている。

ここ数十年の間に、レジでわたされる袋は紙からプラスチックに、ガラス瓶はプラスチックボトル(ペットボトル)に代わった。荷造り用のロープはナイロン製になった。

プラスチックは世界中で最も広く使われている材料の一つで、ガラスや木材のような伝統的な素材にはない、実用面で素晴らしい性質を多く持ち合わせている。プラスチックは安価で、軽量で、丈夫で、かたちを思い通りに変えることができる。金属のように錆びることもない。透明にもできるし、あるものは耐水性があり、耐熱性があり、耐薬品性があり、電気も通さない。

しかしプラスチックが海のごみになると、この素晴らしい性質が仇《あだ》となる。プラスチックはそのきわめて頑丈で安定した構造のために生物に分解されない。海に流れ込んだプラスチックは数百年間消えないごみとして地球上に蓄積を続けているのだ。[7]

海に流入するプラスチックは増加の一途をたどっており、このままでは二〇五〇年にプラスチックの量が魚の量を超えてしまう。[8] プラスチックが海の隅々に拡散して蓄積を続けると何がまずいのか? いろいろまずいことはある。本書ではそれを詳しく述べていくが、ひとつ例をあげるなら、海洋生物がプラスチックを餌と間違えて食べてしまうことだ。

プラスチックがバラバラに砕けて、小さくなったマイクロプラスチックを誤飲する海洋生物の報告はますます増えている。プラスチックには製造の段階で加えられた有害な化学物質が含まれているし、国際条約で禁止されたがいまだに海中に残留している有害物質をプラスチックはスポンジのように吸着する。そして海洋生物は汚染されたプラスチックを食べ、汚染物質は食物網に取り込まれ海の生態系を脅かしている。

プラスチックに汚染された海洋生物にはシーフードも含まれている。私たちが捨てたごみが、やがて私たちの食卓に帰ってくるルートができつつあり、人間にも害を及ぼす「可能性」があるのだ。人類はプラスチックの大量排出者である一方で、巡り巡って、プラスチックを摂取している被害者でもある。誰かが捨てて汚染物質まみれになったマイクロプラスチックを今日食べているかもしれない。

世界中が注目している

海洋のプラスチック問題は国連や首脳会議で大きく取り上げられ、国際的に超緊急の課題となっている。国連環境計画（ＵＮＥＰ　ユネップ）は海洋を汚染する最大の元凶である「海洋プラスチック」に戦争をしかけると宣言。国連の持続可能な開発目標（ＳＤＧｓ）は、二〇二五年までに海洋ごみを含む海洋汚染を防止し、大幅に削減するとゴールを明確にしている。

これを受け、各国の政府や企業はこの問題がどれだけ大きく、どこまで被害が広がっていて、何が一番いい防止策または軽減策なのかを知りたがっている。そして研究者たちは海洋プラスチックの発生源、行方や汚染の影響といった科学的な問いに答えようと猛烈に研究を進めている。

プラスチックは便利だ。プラスチックは私たちの生活と社会・経済をさまざまな側面から支えており、プラスチックから受けてきた恩恵は計り知れない。しかしプラスチックの大量生産と大量消費が海の生態系を脅かし、目に余る環境問題を生み出しているのもまた事実だ。だから私たちは、この問題について知識をもち、今後どのようにプラスチックと付き合っていくのか、きちんと自分の考えをもっておく必要がある。

本書は、海洋プラスチック汚染についてこれまでにわかってきたことを取りまとめたものである。一冊読めば、いま世界が注目する海洋プラスチックの問題を一通り理解できるようにしたつもりだ。さあ、プラスチックはどうやって海に流れ込むのか、なぜ問題なのか、これから詳しく見ていこう。

2　使い捨て文化——大量生産と大量廃棄

爆発的に増える生産量

一九五〇年以降、半世紀以上にわたる石油と天然ガスの急速な消費とともにプラスチックの生産量は爆発的に増えている。一年間に作られるプラスチックの生産量はどのくらいだろうか。二〇一六年には三億三五〇〇万トンのプラスチックが生産された[9]（**図1**）。これには化学繊維が含まれていないが、同じ年に作られた六五〇〇万トンの化学繊維[10]も含めると、世界のプラスチック生産量はすでに年間四億トンを超えている。数字が大きすぎてイメージがわかないが、東京スカイツリー約一万一千個分の重さとほぼ同じだ（東京スカイツリーの鉄骨総重量三万六〇〇〇トンで計算した場合）。一日に換算すると東京スカイツリーが約三十個分である。

ペットボトルを想像してほしい。一年間に作られる飲料用ペットボトルを全部つなげると地球を何周できるだろうか。二〇一六年に製造されたペットボトルの数はおよそ四八〇〇億

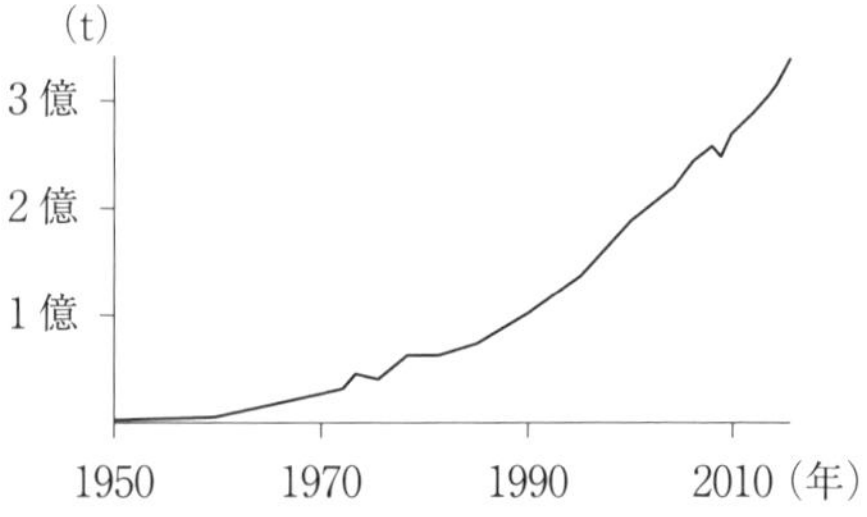

図 1　世界のプラスチックの生産量(化学繊維を除く)
UNEP & GRID-Arendal(2016)を一部改変(文献 14)

本。[11] 仮にペットボトルの高さを二〇センチメートルとすると、全部つなげたら九六〇〇万キロメートルだから地球を二四〇〇周できる。

一年間に四八〇〇億本だから、一分間に一〇〇万本、一秒間に一万五〇〇〇本が、いまこの瞬間に消費されている。現状、この膨大な数のペットボトルの半分以下が回収され、そのうち新しいボトルに生まれ変わったのは一割に満たない。[12]

プラスチックには、柔らかくしたり、耐炎性や高耐久性などの機能を与えたりするために製造の段階で添加剤《てんかざい》が加えられる。この添加剤の重さも含めると、一九五〇年から二〇一五年までの間に製造されたプラスチックの総量は八三億トンになる。[13] 重さにして東京スカイツリーが約二三万個分だ。

仮にこの八三億トンのプラスチックを、全部ひろげて、地面に敷き詰めたらどのくらいの広さになるだろうか? ちょうど足のくるぶしの高さになるぐらいに敷き詰めたら、アルゼンチンと同じ面積に相当する。恐ろしいことに、この膨大な量のプラスチックのおよそ半分が、過去たった十数年の間に作られた。

現在市場に出回っているプラスチック製品の九九％は化石資源ベースだ。そのうち約九〇％は石油から作られており、世界の年間石油消費量のほぼ一割に相当する量がプラスチックのために使われている。このままのペースでプラスチックを作り続けると、二〇五〇年には石油消費の二割をプラスチックが占めるという予想もある。そして二〇五〇年までに累計三三〇億トンのプラスチックが生産される見込みだ。[14]

プラスチック生産の成長が著しいのが、急速に発展しているアジアの国々だ。中国は最もプラスチックを生産している国で、中国だけで世界のプラスチック生産の約三割を占めている。化学繊維（ポリエステル、ポリアミド、アクリル）では約七割が中国産だ。[13]世界で最もペットボトルを消費しているのも中国で、二〇一六年に中国国内で七〇〇億本を超えるペットボトルが消費された。[11]中国は急速な都市化や、地下水の汚染、水道水の品質問題を抱えており、飲料用ペットボトルの需要は今後さらに増えると予想されている。[15]

使い捨てプラスチックが大部分を占める

一般に、プラスチックは基本ユニットとなる分子（モノマー）がたくさん結合してできた高分子（重合体　ポリマー）で、モノマーの種類や結合の仕方によってグループ分けされる。世界で最も生産されているプラスチック（化学繊維を除く）は、ポリエチレン（三六％）、ポリプロピレン（二一％）、ポリ塩化ビニル（一二％）の三種類で、全体のおよそ七割を占めている。さらにポリエチレンテレフタレート(PET ペット)やポリウレタン、ポリスチレンがあわせて全体の一割以下を占めている。[13]

化学繊維についていえば全体の七割がポリエステル(ほとんどはペット)だ。これらの材質が世界のプラスチック生産の約九割以上を占めている。[13]

産業別にみると、プラスチックを最も多く使うのが包装・容器産業で全体の約四割を占めている。次いで建設業、織物工業、消費者・業務用製品、運輸業、電気・電子機器の順番に使われている。[16]

包装・容器産業に次いで多くのプラスチックを必要とする建設業では、年間のプラスチック生産の一〇~二〇%近くが利用されている。配管や水道管には硬質ポリ塩化ビニルが使用され、ビニールの床や壁紙には軟質ポリ塩化ビニルが使用される。建設業で使われるプラスチックは耐久性があり、廃棄するまでにだいたい数十年はもつように作られているので、ごみとなる割合は包装・容器産業に比べればずっと少ない。

織物工業も大量のプラスチックを使う。ポリエステルやナイロン(代表的なポリアミドの一種)、アクリルのような化学繊維は、ファイバー状(繊維状)のプラスチックだ。プラスチック繊維は、天然素材の欠点を補うかたちで、過去五〇年以上にわたり衣服からカーペット、毛布、カーテンなど幅広い種類の布地に使用されている。現在の衣類業界は、布地の生産のかなりの割合を化学繊維に頼っており、実のところ化学繊維の世界生産は天然繊維のそれを超えている。[17]

プラスチック生産量は、世界の人口増加よりも速く上昇しており、つまり個人一人あたりのプラスチック消費量が増加している。生産量の爆発的な増加の主な要因は、ずばり「包装容器プラスチック」だ。食料品の容器、飲料ボトル、製品の梱包に使うプチプチや発泡スチロールの緩衝材など、一回使用したらすぐにごみとなる「使い捨てプラスチック」である。

世界中で発生するプラスチックごみのほぼ半分(四七%)を占めているのが包装容器プラスチックのごみだ(二〇一五年時点)。[16] そのほとんどが店から消費者の手に商品がわたる際に一度だけ使われ、作られたその年に廃棄されている。「使い捨て」という言葉からわかる通り、たいていのプラスチック製品は使用される時間がとても短い。レジ袋の平均使用時間は一二分とも二〇分とも言われている。[18]

個人一人あたりの包装容器プラスチックの消費量は米国がナンバーワンで、それに日本とEUが続いている(図**2**)。日本はプラスチック包装容器の個人消費量が世界で二番目に大きい国なのだ。[16]

日本では店で何かを買うたびに多くのプラスチック包装容器を持ち帰り、それらはすぐにごみ箱行きだ。コンビニでコーヒーとパンを買っただけでも小さな(そう、小さな!)レジ袋に入れられる。お菓子ひとつとっても、湿気対策という意味が強いのかもしれないが、クッキーやせんべいは一枚ずつプラスチック袋に入れられ、それらはさらに大きなプラスチック

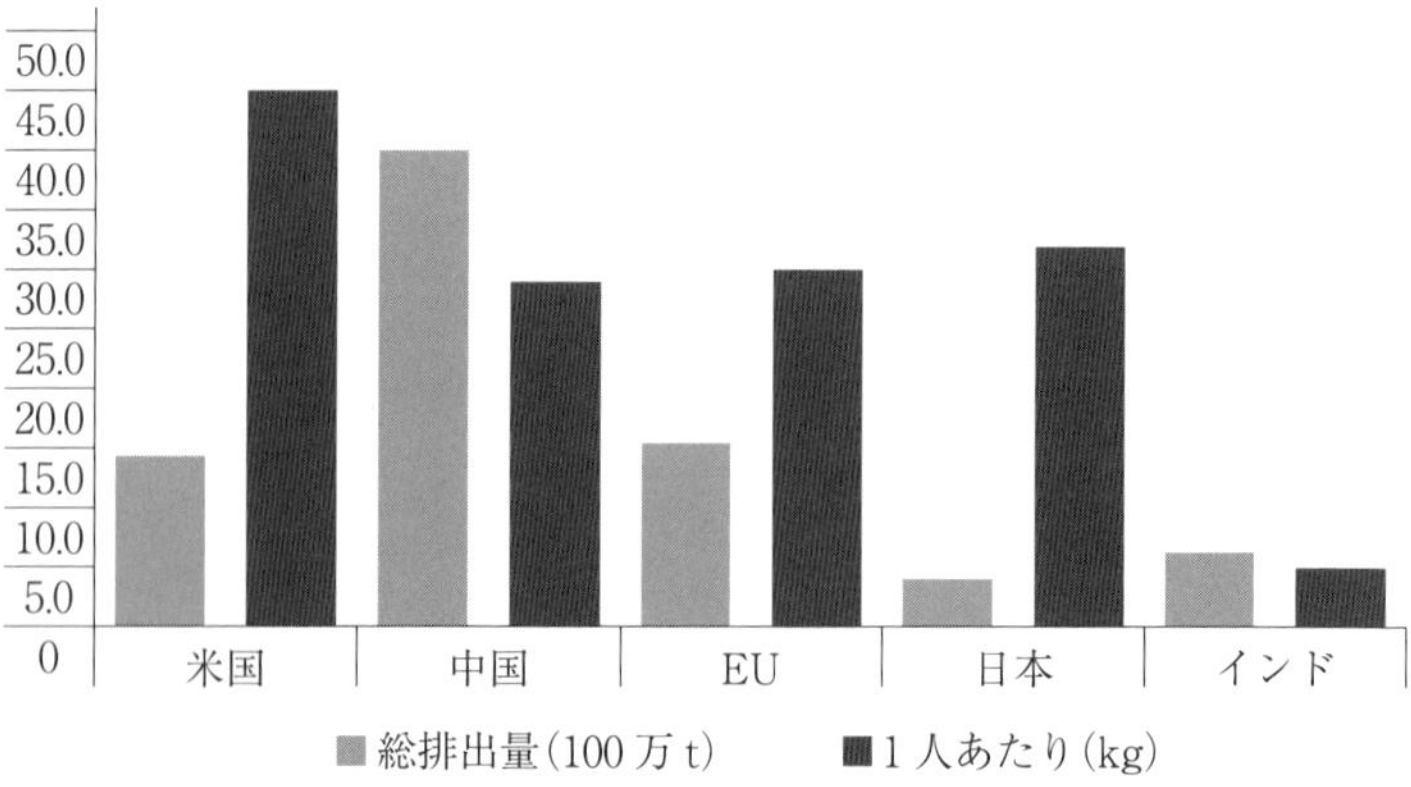

図 2　包装容器プラスチックごみの排出量(2014 年)
UNEP(2018)を一部改変(文献 16)

袋で包装されている。野菜や果物一つ一つがプラスチックに包まれる日本のスーパーの光景があまりに異様なことは外国人の間では有名だ。

日本はおもてなしの文化なのか、それとも神経質なのか、「包装」に使うプラスチックの量がものすごく多い。

九一%はリサイクルされていない

作るプラスチックの量が増えれば、当然、捨てるプラスチックごみの量も増える。消費者向け商品の多くは、飲料・食料品などの包装容器や耐久性のない家庭用品が大部分を占め、生産されてから比較的短いスパンで廃棄されている。

これまでに生み出されたプラスチック八三億トンのうち、なんと六三億トンがすでにごみとなった[13]。重さにして東京スカイツリー一七万個分以上だ。ごみとなったプラスチックは、リサイクルされるか、焼却されるか、埋め立て地にいくか、または環境中へと投棄される。

今のところ、プラスチックごみを分別回収してリサイクルしている率は、世界全体でみると九%しかない。[13]「プラスチックはリサイクル」なんて言葉が飛び交っているが、九一%のプラスチックはリサイクルされていないのが現状だ。プラスチックごみが焼却された割合は一二%で、残り大部分の七九%は埋め立て処分されたか、もしくは自然環境に入りこんだ(**図3**)。この「自然環境」の中に本書が注目している海が含まれる。

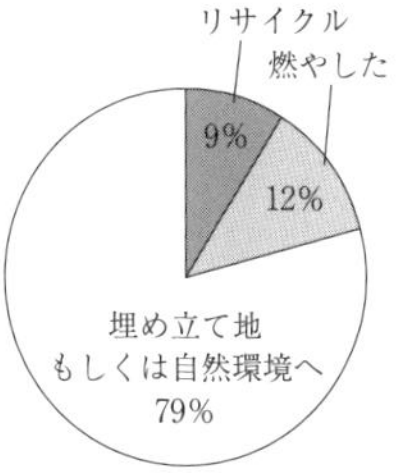

図3　これまでに廃棄されたプラスチックの運命
Geyer et al. (2017) にもとづく(文献13)

リサイクルがほとんどされていない理由

消費者は捨てられたごみの行方のことまで考えていないし、ごみのライフサイクルについて考えることもない。世の中に出回っているほとんどのプラスチック製品の価格には、捨てられてからリサイクルするまでの費用は含まれていない。だから捨てられたプラスチックをリサイクルする費用は行政が税金で負担している。

しかしリサイクルというのは金のかかる作業だ。当然、税金の一部だけで大量のプラスチックごみをリサイクルできるわけがなく、代わりに安価なプラスチックを大量に生産して捨てることを許してしまった。

本来プラスチックは細断して溶かすことで、新しいプラスチックに生まれ変わる。だがリサイクルされて再び同じ製品に生まれ変わることは少ない。たとえばペットボトルが再びボトルに戻ること(ボトル to ボトル)は少ない。技術的には可能だがコストがかかるからだ。

それに透明でクリアなボトルから再び透明なボトルを作ることはなかなか難しい。リサイクルの過程で不純物が混じり、質が落ちるからだ。中身がクリアに見えるボトルでないと消費者は買ってくれないから、結局、新しいペットボトルが作られている。

プラスチックはリサイクルするたびに劣化していくのが現状だ。そのためペットのリサイクルでは、たいていは、ぬいぐるみの中綿やフリースなどに使われる繊維に変わる。これはリサイクルというより、ダウンサイクルと言う。なぜなら繊維となって質の落ちたペットはその先リサイクルされることなく処分されるのがオチだからだ。ある意味、ワンウェイである。それにリサイクルして化学繊維に生まれ変わっても、洗濯されればマイクロプラスチックファイバーを発生し、結局は一部が海に流れる(第四章)。

また、そもそも一言にプラスチックといっても、ポリエチレン、ポリスチレン、ポリプロピレンなどたくさんの種類(材質)がある。ポリエチレンからはポリエチレンしか作れないので、ポリエチレンをリサイクルするにはポリエチレンだけを集める必要がある。[19] しかしごみ箱をあけると、ごちゃまぜになって捨てられるため、いちいちプラスチックを材質別に選別しないといけない。人が手作業で分別するのが一般的だが、骨が折れる作業だ。ラマン分光や赤外分光を使って材質を分別することもあるが、機器が高額なだけに使っているところは限られる。

海外では分別をしやすくしてリサイクルを促進するために、製品に一番から七番の樹脂識別コードを表示させている。ペットなら一番、高密度ポリエチレンは二番、ポリスチレンは六番といった具合だ。海外から輸入されるプラスチック製品には樹脂識別コードがよくみられる。しかし製品が破片だと樹脂識別コードもわからないし、見た目での識別は難しい。ちなみに日本でも昔は樹脂識別コードを採用していた。その名残でペットボトルには今も一番の数字が見られる。

プラスチック製品が単一の樹脂ではなく、複合樹脂で作られているとさらにやっかいだ。複合樹脂とは、複数の材質のプラスチックを合わせて作るもので、たとえばポリエチレンとポリアミドを合わせるという具合だ。プラスチックをリサイクルするには同じ材質を集める必要があると述べたが、現在の日本ではプラスチック製品を複合樹脂で作ることが多いため、いっそうリサイクルが難しい。

廃プラスチックの大部分は包装容器に使われたプラスチックで、そこには食品を包んでいた容器も多い。そうしたものは食品の油などで汚れており、リサイクルする前に洗浄から始めないといけない。[19]

プラスチックは炭化水素骨格でできており疎水性が高いので油がつきやすく、落ちにくい。

コンビニで大量に発生する弁当容器についた油汚れをいちいち洗浄などできない。当然、あふれるように発生するごみをキレイに洗浄することは現実的ではなく、結局リサイクルされずに焼却や埋め立て処理に回される。

プラスチックのリサイクル率を低くする他の原因は、プラスチックに添加されている化学物質(添加剤)だ。プラスチック製品を作る過程で、プラスチックに柔軟性や耐久性をもたせたり着色したりするためにさまざまな化学物質が加えられる。添加剤には有害な物質が多く、リサイクルしたものが汚染されるためリサイクルが困難になる。余計な色が付いたりすれば、リサイクル後の品質や価値も落ちてしまう。

ほかにも理由はさまざまにあるが、以上のような理由によってプラスチック生産量の全体から見れば、リサイクル率はきわめて低い。プラスチックのリサイクル率が比較的高いヨーロッパでも三〇%程度、米国では九%にとどまる。では日本はどうだろう?

高いリサイクル率のからくり

日本はプラスチックのリサイクルが進んでいるという声も聞くが、実際のところ、ほとんどは焼却している。環境省によれば日本では二〇一三年の一年間に九四〇万トンの廃プラスチックが発生したが、このうち約七割(六七%)が焼却され、二五%がリサイクル、八%が埋め立て処理された[20](図**4**)。

焼却されたプラスチック六七%の内訳をみると、一〇%が単純に燃やされ、残り五七%は燃やして発生した熱を有効利用(熱回収)している。この熱回収を日本ではサーマルリサイクルと呼んでおり、リサイクルの一つと位置づけていた。だからサーマルリサイクル(熱回収)した五七%と他のリサイクル二五%を合わせて、八二%という驚異的に高いリサイクル率を達成しているわけだ。

でも熱回収をリサイクルに位置づけているのは主に日本くらいで、国際的に熱回収はリサイクルとして認められていない。すると純粋なリサイクル率は二五%ということになるが、その内訳をみると実は七割を海外に輸出し、輸出先でリサイクルしていた。ということは、実質的に日本国内でのリサイクル率は一割に満たない(二〇一七年でも一割程度)[21]。

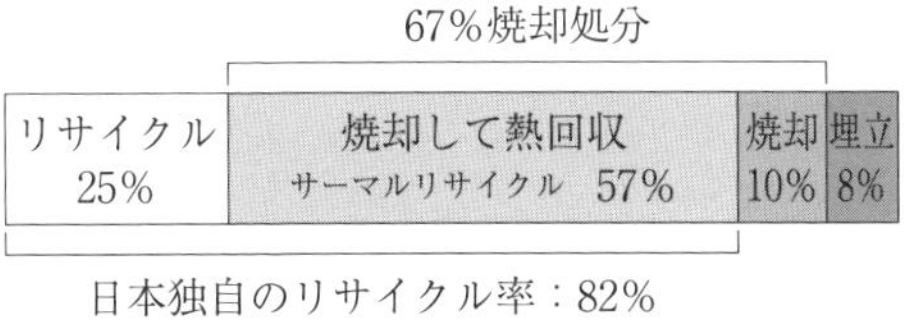

図4　日本の高いプラスチックリサイクル率のからくり
環境省(2019)にもとづく(文献20)

海外に頼るリサイクルと中国ショック

日本は毎年約一五〇万トンのプラスチックごみを主に中国に輸出してきた[20]。中国はかれこれ三〇年間ほど、ヨーロッパ、米国、日本をはじめとする地域から廃プラスチックを輸入し、これをリサイクルして海外へと輸出していた。石油を輸入するよりも、廃プラスチックをリサイクルして製品を作るほうが安上がりだったのだ。

海外から輸入されたペットボトルは中国国内でぬいぐるみやベッドの中綿などにリサイクルされてきた。[22] しかし中国は世界有数のプラスチック消費国となり、自国から出てくるプラスチックごみの管理もままならなくなった。そして輸入した廃プラスチックの洗浄作業などで環境が汚染され、リサイクルに携わる人々の健康被害も顕在化してきた。そのため中国は「クリーンな中国」を取り戻すために、海外からの廃プラスチック輸入を二〇一八年一月にストップ。世界中に激震が走り、「中国ショック」と呼ばれた。

あわてた日本やヨーロッパ連合(EU)をはじめとする国々はごみの輸出先をタイやベトナム、マレーシアなどの東南アジア諸国にシフト。しかし大量のごみを受け入れる体制の整っていない東南アジア諸国でごみをさばけるはずもない。すぐに東南アジア各国の処理能力をオーバーし、受入拒否が相次いでいる。

二〇一八年後半に米国、EU、日本が輸出した廃プラスチックの総量は一七〇万トンと半減しており、押し戻された分の自国処理が追いついていない状況だ。[23] 日本でも一年間に五〇万トン分が国内に留まっている。これを受け、EUは二〇三〇年までに使い捨てプラスチックを廃止すると緊急発表。近年、成果がめざましいEUのプラスチックフリー政策は、中国が輸入をストップしたことも大きな背景にある。

3　海に漏れ出すプラスチック

東京スカイツリー二五〇個分が海へ

さて、ここまでプラスチックごみの排出状況とリサイクルの現状をみてきたが、それでは一体どのくらいのプラスチックごみが海に入り込んでいるのだろうか？　プラスチックがどれだけ海に流入してしまったのか、実のところ正確な数字はわかっていない。米国のジェナ・ジャンベックの研究チームは、海岸に接する国々から海に流入するプラスチックごみの量を初めて試算して話題を呼んだ。[6]

二〇一〇年に生産されたプラスチックはおよそ二億七〇〇〇万トンで、同年に廃棄されたプラスチックはほぼ同じ量の二億七五〇〇万トン。そのうち一億トンが沿岸域で発生したごみで、その約三分の一に相当する三一九〇万トンが「不適切に管理」され、そこから少なくとも四八〇万トンから多くて一二七〇万トンのプラスチックが海に漏れ出たと推定された。四八〇万～一二七〇万トンの中間値は八七五万トンだが、これは東京スカイツリー二四三個分の重さに相当する。つまり毎年、東京スカイツリー二四三個分と同じ重さのプラスチックを海に捨てていることになる。

このショッキングな数値は、沿岸に隣接する一九二カ国の人口あたりのごみ排出量、ごみの種類、廃棄などのデータから導き出されている。海岸線から内陸に向かって五〇キロメートル圏内から排出される「不適切に管理されたプラスチックごみ」が二〇一〇年の一年間にどれだけあったのかを調べ、そのうち一五〜四〇%が海に漏れ出たと仮定し、四八〇万〜一二七〇万トンという数値を導き出した。

この推定は海岸に接する国々から海に流入するプラスチックごみの量なので、もっと内陸から流れ込む量や、海上で発生するプラスチックごみは含まれていない。英国の環境コンサルタントは、内陸と海上で発生するごみの量も含めると、かなり大雑把な見積もりだが、全部で年間一二二〇万トンのプラスチックが海に流入したと試算している。[24]

しかしこれらは二〇一〇年の時点での話しである。現状ペースでプラスチックの生産とずさんな管理を続ければ、海に流入するプラスチック量は(沿岸域からだけでも)二〇二五年までに年間一七〇〇万トンを超えると米国の研究チームは警告している。[6]

海洋ごみ排出国ワーストランキング

海に漏れ出すプラスチックごみのほとんどはアジア大陸から来ている。不適切に管理されたプラスチックごみ排出の国別ワーストランキング二〇位までをみると、なんとアジアの国が一二カ国もランクインしている[6](**表1**)。さらにアフリカ大陸から五カ国、そしてアメリカ合衆国もワースト二〇位に含まれている。

ワースト一位は、人口の最も多い中国だ。中国だけで海洋プラスチックのほとんど四分の一を排出している。中国の沿岸域からは、二〇一〇年の一年間に推定八八二万トンのプラスチックごみが管理されずに排出され、そのうち一三二万〜三五三万トンが海に流れ込んだと

表1 不適切に管理されたプラスチックごみの排出ワースト20位国

順位	国名	推定排出量(万トン)
1位	中国	882
2位	インドネシア	322
3位	フィリピン	188
4位	ベトナム	183
5位	スリランカ	159
6位	タイ	103
7位	エジプト	97
8位	マレーシア	94
9位	ナイジェリア	85
10位	バングラデシュ	79
11位	南アフリカ	63
12位	インド	60
13位	アルジェリア	52
14位	トルコ	49
15位	パキスタン	48
16位	ブラジル	47
17位	ミャンマー	46
18位	モロッコ	31
19位	北朝鮮	30
20位	アメリカ合衆国	28

不適切に管理されたプラスチックごみの推定排出量のうち15-40%が海に漏れ出したとされる
Jambeck et al. (2015)にもとづく(文献6)

推定された。中国は無料のレジ袋の配布をやめるなどごみを減らす努力はしているが、人口が多すぎて廃棄物の管理が行き届いていない。

ワースト二位は、人口が世界で四番目に多いインドネシアで、推定四八万トンから一二九万トンのプラスチックごみが沿岸域から海に流れ込んだ。ワースト二〇位までに入っている国の多くは、急速に成長を続ける中間所得国で、沿岸域に人口が集中し、ごみの管理も不適切、インフラの整備もままならない国々が大半を占める。

ところでインドがワーストトップクラスに入っていないことに気づいただろうか。この排出ランキングは海岸線から五〇キロメートル圏内で発生するプラスチックごみを対象にしている。インドの首都ニューデリーはかなり内陸にあるので、ニューデリーから発生するプラスチックごみは計算に入っていないということだ。

先進国に分類される米国はごみの管理が行き届いているほうだが、それでもワースト二〇位に入っているのには理由がある。沿岸域に人口が集中していることと、個人一人あたりのプラスチック消費量が多いためだ。米国は海にごみが漏れる率が二％と少ないが、一人あたりの使い捨てプラスチックの消費量が世界で一番多く、漏れ率二％とは言え、結果的に多量に漏れ出ている。ちなみに一人あたりの使い捨てプラスチック消費量が世界第二位の日本はワースト三〇位だった。

河川から海に流れこむプラスチック量を推定した研究もある。やはり河川から流入するプラスチックごみの量もアジアが抜きんでている。一年間に四一万～四〇〇万トンものプラスチックごみが河川から海に流れ、そのうちの八八～九五％がアジアの八つの河川（長江、黄河、海河、珠江、アムール川、メコン川、インダス川、ガンジス川）とアフリカの二つの川（ニジェール川、ナイル川）から来ている。[25]

別の報告は、毎年一二七万～二六六万トンのプラスチックが川から海に流れこんでいるとしているが、そのうち六七％が最も汚染された上位二〇の河川から流入しており、うち一五の河川がアジアにあるのだ。[26]

いくら先進国がごみの流出を止めたとしても、アジア諸国からとめどなく流れ出る大量のプラスチックをなんとかしなければ、事態は大きく変わることはない。

海に流れ込んだプラスチックは消えない

海に入ったプラスチックはいずれ分解されてなくなるのだろうか？　残念ながら答えはノーだ。少なくとも私たちや孫の孫の世代が生きている時間スケールで言えばノーだ。ここでいう分解とは、水と二酸化炭素やメタンなどに変換されることを言う。

合成ポリマーであるプラスチックは、丈夫で、腐敗しない物質だ。プラスチックは分子量が高く、疎水性で、あるものは架橋構造をしており、きわめて頑丈である。ほとんどすべてのプラスチックは生物に分解されない。[7]したがって焼却でもしないかぎり、一九五〇年頃から作られ始めたプラスチックごみは今なお現存する。

プラスチックの生産が始まってからまだ一〇〇年ほどしか経っていないので、海に入ったプラスチックの完全な分解に何年かかるのか正確に知ることはできない。しかし理論上は、完全な分解には数百年以上を要すると考えられており、いずれプラスチックの化石ができると信じる科学者もいるくらいだ。

流出プラスチックごみが魚の量を超える?

海中に入ったプラスチックは消えないため、ずっと蓄積を続けている。二〇五〇年には魚の量を超えるという話も聞くが本当だろうか。[8] まず過去に製造されたプラスチックのうち何%が海に流出したか計算してみよう。

二〇一〇年に海に流出したプラスチック重量は推定四八〇万〜一二七〇万トンだった。[6] 同じ年に世界で生産されたプラスチックの総量が二億七〇〇〇万トンだったので、四八〇万〜一二七〇万トンを二億七〇〇〇万トンで割って一〇〇を掛けると、海に漏れる率は一・八〜四・七%になる。中間値は約三%だ。

一九五〇年代から二〇一五年までに生産された累積プラスチック量は八三億トンだったから、仮に三%が海に漏れたとすれば、二億五〇〇〇万トンがすでに海に流入したことになる(控えめに漏れ率を一・八%とした場合は、八三億トン×〇・〇一八＝一億五〇〇〇万トン)。

二〇五〇年までに累計三三〇億トンのプラスチックが生産される見込みだが、これに漏れ率三％を乗じると、一〇億トンが海に蓄積することになる。海洋における魚類の全生物量（すべての魚類の重さの合計）はおよそ八億トンなので[27]、このままの「なりゆきペース」でプラスチックを作り、ずさんな管理を続けると二〇五〇年には海のプラスチックが魚よりも多いという計算になる。もちろん二〇一〇年における漏れ率を将来のプラスチック生産量に単純に当てはめることに疑問は残るが、大量のプラスチックごみが海に捨てられることに変わりはない。

マクロプラスチックとマイクロプラスチック

海に漏れ出すプラスチックは、大きさ（サイズ）で分けるとマクロプラスチックとマイクロプラスチックに大別される。前者は大きさがだいたい数センチから数十センチ程度で、普段私たちが手にするプラスチックのボトルや袋、発泡スチロールの容器などのサイズ感だ。でも定義はけっこう曖昧で、次に述べるマイクロプラスチックよりも大きいプラスチックという意味合いが強く、メートル級の遺棄された漁具まで含まれることもある。

もうひとつのマイクロプラスチックは、サイズが五ミリメートルよりも小さなプラスチックの粒子だ。図を見てほしい（**図5**）。一円玉の上にプラスチックの欠片がのっている。コインの直径は二センチメートル。この小さなプラスチックのかけらがマイクロプラスチックだ。

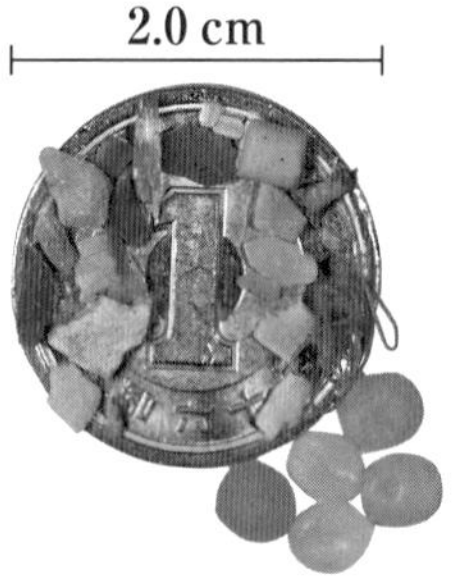

図5　1円玉にのったマイクロプラスチック．葉山の海岸で採集．コイン右下の丸い粒は樹脂ペレット．

マイクロプラスチックの多くは、プラスチック製品が微細化して五ミリメートル以下になったものだ。

二〇〇八年に開かれた米国海洋大気庁（NOAA ノア）が主催する国際ワークショップで、マイクロプラスチックの定義が五ミリメートル以下と決まった。このサイズ定義は、生物相に容易に摂取される大きさであることを前提にしており、絡まりなど大型のプラスチックごみがもたらすのとは違った脅威をもたらすプラスチックという意味合いがある。

しかし多くの生物が摂取するマイクロプラスチックはもっと小さいことが多いため、そのサイズ定義を一ミリメートル以下にしようとする動きもある。[28]

マイクロプラスチックのサイズの下限は曖昧だが、プランクトンネットやふるいにひっかかるサイズとして定義されることが多く、その場合は数十〜三三〇マイクロメートル程度だ。海洋から検出されるプラスチックの最小サイズはいまのところ数マイクロメートルだが、さらに小さなナノプラスチックも海洋中に存在すると考えられている。

マイクロプラスチックができる理由

どうして大きなプラスチック製品は、粉々になって小さなマイクロプラスチックになるのだろうか？　プラスチックは、太陽の紫外線に曝されて光分解し、熱に曝されて熱酸化分解して非常にゆっくりだが物理的に崩壊する。

プラスチック製の洗濯ばさみを思い出してほしい。ベランダで長く使用した洗濯ばさみはやがて脆くなり割れてしまう。太陽の紫外線と熱、そして酸素によってプラスチックが光・熱酸化分解したためだ。いわゆるプラスチックの劣化である。

地表に届く太陽放射のスペクトルは、波長の短い二八〇ナノメートルの紫外線領域から波長の長い二五〇〇ナノメートルの近赤外線領域だ。短い波長は長い波長より多くのエネルギーをもつため、プラスチックの化学結合を壊すことができる。そのため、ほとんどの光分解は、太陽光の紫外線領域（二八〇～四〇〇ナノメートル）で起こる。

プラスチックが紫外線により劣化すると表面にひび割れやくぼみが見られるようになる。そしてひびを通じて紫外線がプラスチックの内部に行きわたり、さらにダメージを与えて脆くなっていく。

浜辺に打ち上がったり海を漂流したりしているプラスチックごみの多くは、太陽光に長時間あたり、高温にさらされる。そして光分解と熱酸化分解によって少しずつ劣化して脆くなるのだ。さらに風波の作用や、岩・砂にぶつかる、動物に噛みつかれるなどあらゆる物理的な作用によって砕けて微細化していく。[7]

浜辺に打ち上がっているプラスチックごみの方が、海を漂流するプラスチックよりも速く劣化する。なぜなら浜辺は水中よりも温度が高くなるからだ。海の表面に浮かぶプラスチックは、水から顔をだしている部分は太陽光と熱にさらされるが、水に浸かっている裏面の劣化は遅くなる。水に潜れば紫外線が届きにくくなるし、水中のほうが冷たいからだ。

水中ではプラスチックの表面にさまざまな生物(藻類やフジツボなど)が付着するので、それらが紫外線の透過を妨げるため劣化が遅くなる。まして光の届かない冷たい深海底に横たわるプラスチックごみの劣化はほとんど進まない。

一次マイクロプラスチックと二次マイクロプラスチック

マイクロプラスチックは、その起源から一次マイクロプラスチックと二次マイクロプラスチックに区別され、製造されたときから五ミリメートル以下のサイズ(一次)か、大きなプラスチックが劣化・微細化して小さく五ミリメートル以下になったもの(二次)にわかれる。

一次マイクロプラスチックには、パーソナルケア商品に入っているマイクロビーズがある。洗顔料、歯磨き粉、ボディシャンプーなどのパーソナルケア商品には、洗浄力を高めるためにプラスチック製のマイクロビーズがしばしば使われる。角質や汚れを落とす「スクラブ粒」のことだ。

マイクロビーズとは、五マイクロメートルから一ミリメートル程度の小さなプラスチックの粒で、ビーズといっても丸い必要はなく、単にプラスチックを細かく粉砕したものもある。化粧品にもたくさんのマイクロプラスチックが使われている。その他、プラスチック塗料やサンドブラスト(粒子を吹き付けて表面を加工する方法)に利用されるマイクロビーズ、プラスチック製品の中間原料となる樹脂ペレットも一次マイクロプラスチックだ。

二次マイクロプラスチックは、プラスチック製品が劣化して微細化したものだが、化学繊維の衣服や車のタイヤからも発生する。化学繊維の衣服を洗濯する時に発生する繊維クズは二次マイクロプラスチックに分類される。車のタイヤに使われる合成ゴムも広い意味ではプラスチックの一種で、摩耗によって削りカスが発生し、二次マイクロプラスチックとなる。

海洋で見つかるマイクロプラスチックのうち一次と二次のどちらが多いかと言えば、圧倒的に二次マイクロプラスチックだ。[29]

4 あなたもわたしも海洋プラスチックの排出者

海洋ごみの大半はプラスチック

人間活動が多様であることに応じて、ごみの種類もまた多様だ。そして海に流れ込む経路もまた多様である。海洋ごみとは、人間が生み出した廃棄物のうち、何らかの理由で海岸や海に入り、そしてすぐには自然分解されないものをさす。

米国海洋大気庁(NOAA)に言わせれば、海洋ごみは「ほぼ永続的に固い状態を保持する物質であり、人間によって製造または加工されたもので、故意であろうとなかろうと直接的または間接的に海に捨てられたもの」と定義されている。[30] だから海洋ごみにはポリ袋や空き缶などの小さなものから、沈没船、自動車、貨物船から滑り落ちたコンテナなどメートル級のものまでさまざまな大きさがある。

海洋ごみの材質には、ガラス、セラミック、金属、紙、木、繊維、ゴム、プラスチックが含まれる。紙、木、自然素材の繊維やゴムはそのうち時間がたてば生分解されるが、その他は環境中に長く残る。しかし長く残るごみのうち、プラスチックがガラス、金属、セラミックと大きく違う点は軽いことだ。軽いので波や海流によって簡単にどこか遠くへ運ばれてしまう。

ガラス、金属、セラミックは海底で動かずにじっとしている。しかしプラスチックはたえず流され、海洋の隅々に運ばれていく。発生源である陸域から離れるほど、海洋ごみに占めるプラスチックの割合は増加する。これは軽量で耐久性のあるプラスチックが他のごみよりも遠くまで運ばれやすいからだ。

海の表層や海岸で見つかる海洋ごみのうちダントツに多いのはやはりプラスチックだ。海で見つかるごみのおよそ六〇〜九〇％(ときに一〇〇％!)はプラスチックが占めている。[14]

では海のプラスチックはどこからやってくるのだろうか? 海洋プラスチックの発生源は複雑だが、八〇％くらいは陸起源だ。[14] 残り二〇％は海洋活動から発生するもので、そのうち一〇％くらいは紛失あるいは遺棄された漁具、残り一〇％が商業船や娯楽船など他の海洋活動から発生している。とにかく、ほとんどは陸から発生している。

海に漏れ出すプラスチックの発生要因は大別すると三つある。一つめの要因は「不適切な廃棄物の管理」で、管理が行き届いていない廃プラスチックが環境中に漏れ出てしまう。二つめはポイ捨てで、意図的にプラスチックごみが環境中に捨てられる。三つめは使用中のプラスチックが不本意にも環境中に出てしまう場合で、製造業や運送業、農業などによって定期的に発生し、一部が海に入りこむ。それぞれ詳しく見ていこう。

廃棄物の不適切な管理

ごみ処理プロセスからの漏出

海洋プラスチックごみの大部分は、人口密集地帯や廃棄物の管理ができていない場所から「漏れ出て」いる。ごみ処理には、ごみの収集、輸送、処理、廃棄というプロセスがあるが、どれか一つでも十分に機能していないとごみが漏れ出ていく。たとえば途上国の多くでは、ごみ収集トラックの荷台に屋根がついていない。荷台に山ほどごみを積んで道路を走れば、軽いごみは風に舞って飛んでいく。こうして輸送中にごみが漏れ出す。

海に漏れ出すプラスチックの最大の発生場所は、おそらくずさんに管理された埋め立て地だ。適切に管理されている埋め立て地では、ごみを投棄した後に土かシートを被せるし、風でごみが飛ばされないようにフェンスで覆っている[19]。いいかげんな埋め立て地や違法な埋め立て地は何も覆われていないため、嵐になればたくさんのプラスチックが飛ばされていく。埋め立て地に浸水対策がされていなければ、大雨によってごみが流されていく。

日本のようにごみの管理が割と行き届いている国でさえ、ペットボトルがごみ箱からあふれているのを見たことがあるだろう。朝、カラスに破られたごみ袋からプラスチックの包装容器が散らばっている光景を見た人もいるだろう。それらもやはり風に飛ばされ、雨に流され、やがて一部が海へ漏れ出していく。

下水処理施設からの漏出

マイクロプラスチックの入ったパーソナルケア商品や化粧品を洗い流すと、マイクロプラスチックは下水を流れていく。米国では、排水溝を流れるポリエチレン製のマイクロビーズの量が年間に二六三トンもあった。仮にマイクロビーズの直径を一〇〇マイクロメートルとして一日に米国から排出されるマイクロビーズを全部敷き詰めたら、テニスコート三〇〇面以上に相当していた[31]。

フリースなど化学繊維の生地を洗濯するとマイクロプラスチックが大量に発生する。化学繊維から発生するマイクロプラスチックは、マイクロプラスチックファイバーと呼ばれる。

アウトドアメーカーであるパタゴニアの支援を受けて行われた研究では、フリースのジャケットを一回洗うと最大二グラムのマイクロプラスチックファイバーがでることがわかった[32]。さらに洗いこんだフリースジャケットの方が新品よりもたくさんのファイバーを放出する。洗剤が粉でも液体でも、放出されるファイバーの量に違いはないが、洗剤を使う方が水だけで洗うよりもたくさんのファイバーが発生する[33]。

興味深いことに、欧米諸国に比べて日本では下水を流れるマイクロプラスチックファイバーの量が少ない。日本の洗濯機には必ずクズ取りネットが付いているが、欧米の洗濯機にはクズ取りネットが付いていないからだという指摘がある。

食器洗いに使うスポンジのほとんどはポリウレタンフォームで、使用するうちに削れてマイクロプラスチックを放出する。頑固な汚れを落とすために白いメラミンスポンジを使う人もいるだろう。これはメラミン樹脂というプラスチックで、使用するうちに消しゴムのように削れて、大量のマイクロプラスチックを発生する。洗剤が少なくて済みエコだからとアクリルたわしを使えば、それもマイクロプラスチックの発生源だ。

このように洗面台、台所、洗濯といった家庭排水から流れたマイクロプラスチックはやがて下水処理施設にたどり着く。ここでマイクロプラスチックは主に汚泥に沈殿して除去される。しかし除去率一〇〇％はありえない。どんなに高性能な処理施設でも、マイクロプラスチックの除去率は九八～九九％だ[34]。すり抜けた数％は「浄化された水」と一緒に海に出ていってしまう。

毎日処理する水の量が多いと、わずか数％であっても抜け出すマイクロプラスチックの量は膨大になる。大雨が降ると日常の生活排水に加えて大量の雨水が下水に流れ込むため処理能力が落ち、いくら高性能の処理施設でも大量のマイクロプラスチックが排水処理場を抜けてしまうという問題を抱えている。

高性能な下水処理施設をもった国はごくわずかで、いまだに多くの国では未処理の下水をそのまま川や海に垂れ流している。特に中南米、サブサハラアフリカ、南アジアでの処理能力は最低レベルだ。[35] こうして膨大な数のマイクロプラスチックが海洋へ流入を続けている。汚泥の中に除去されたマイクロプラスチックはどこに行くのだろうか？ 下水汚泥の多くは焼却・埋立されるが、一部は農地利用される。そのときに汚泥に隠れていたマイクロプラスチックは雨風によって流され飛ばされ、結局は川や海に流れ込む。[36]

ポイ捨て

陸上でポイ捨て

浜辺を訪れる多くの観光客が、さまざまなプラスチックごみ、食品包装、ペットボトル、ストロー、遊び終わったプラスチックのおもちゃ、たばこの吸い殻などを浜辺に捨て去っていく。ポイ捨てされたプラスチックは風に飛ばされ、直接海に入るか、河川に流入し、やがて海に流れ込む。

米国のNGOオーシャンコンサバーシーによれば、世界中のビーチで見つかるごみのトップ一〇は、容器包装等の使い捨てプラスチックで占められている[37]（**表2**）。

吐き捨てられたチューインガムもプラスチックごみだ。チューインガムのガムベースにはポリ酢酸ビニルという樹脂が主に使われる（木工ボンドと同じ材質）。歩道に黒くなってへばりついているガムはいつまでたっても消えないが、それはプラスチックだからだ。チューインガムが浜辺で不適切に捨てられれば、それも海洋ごみとなる。

浜辺で回収されるごみナンバーワンのたばこ吸い殻は、容易にポイ捨てされる。二〇一二年の時点で六兆二五〇〇億本のフィルター付きたばこが世界中で消費されたが、うち四兆五〇〇〇億本がポイ捨てなどで不用意に捨てられたと推定されている。[38] 海辺で投げ捨てられ、あるいはビーチの砂に突っ込んで火を消し、そのまま差しっぱなし。街中でポイ捨てされた吸い殻も、風に運ばれ、雨水に流され、一部が海に流れ込む。

たばこのフィルターは、セルロースアセテート(アセチルセルロースまたはアセテート繊維)というセルロースを原料にした半合成樹脂だ。セルロースそのものは容易に自然分解するが、その酢酸エステルであるセルロースアセテートは安定しており、太陽光ではほとんど分解が進まない。海中で生物に分解されることもほとんどない。[39] 厳密には主原料を石油とするプラスチックと異なるが、簡単に自然分解されないという点でプラスチックと何ら変わりはない。きわめて長い時間分解されることなく、環境中に残り続けることになる。

たばこ一本のフィルターには直径およそ二〇マイクロメートルのセルロースアセテート

表2 世界のビーチで見つかるごみトップ10

順位	ごみ
1 位	たばこ吸い殻
2 位	食品の包装
3 位	プラスチックの飲料ボトル
4 位	プラスチックボトルのキャップ(蓋)
5 位	プラスチックのレジ袋
6 位	その他のプラスチックの袋
7 位	ストロー，混ぜ棒
8 位	プラスチックのテイクアウト容器
9 位	プラスチックの蓋
10 位	発泡スチロールのテイクアウト容器

Ocean Conservancy (2018) にもとづく (文献 37)

繊維が一万五〇〇〇本以上含まれている。[38] フィルターが海に入れば、ふやけて、繊維が海中に散らばる。しかもフィルターが吸着したニコチンなどの有害物質のおまけつきだ。たばこのフィルターに由来するマイクロプラスチックファイバーが海洋生物に与える影響はまだよくわかっていないが、今後、調査報告がでてくるだろう。

海上でポイ捨て

船から海へごみを投棄する行為はマルポール条約（ＭＡＲＰＯＬ）によって禁止されている。マルポール条約は、船舶からでるごみや糞尿・汚水の排出による汚染を規制する国際条約で、プラスチック類の海洋投棄を原則禁止している。しかし広い外洋など監視の行き届かない場所や、小さな船からの少量のプラスチック廃棄物の投棄は阻止できていない。

当然だが、マルポール条約に批准していない国の船からもごみが捨てられる。無知や不注意のせいで、あるいは現地の港にごみの受入施設がないために、こっそり海に捨てている場合もある。途上国に行けば、船上から飲み終わったペットボトルや発泡スチロールの弁当箱を海に投げ捨てる漁師をよく見かける。

漁師が使う漁具も海上でポイ捨てされる。漁具がプラスチック製であることは、いまさら説明することもないだろう。昔の漁網は麻などの天然素材でできていたが、いまやナイロンやポリエチレン製が主流だ。プラスチックの漁具は、値段も安く、軽く、耐久性があるため漁業に大歓迎された。だがプラスチック製の漁具は海中で微生物に分解されることはない。海中に廃棄されれば誰かに運良く回収されないかぎり、半永久的に海中に残る。

海に廃棄された漁具は「ゴーストネット」とも呼ばれ、魚をはじめさまざまな生物を死に追いやる(詳しくは第七章)。海洋ごみに占める漁具の割合は体積換算で一〇%以下だろうと考えられているが、場所によって大きく異なる。韓国の調査によれば、日本海で回収される海洋ごみのうち重量ベースで半分から四分の三が漁具だった。[40]

なぜこんなにたくさんの漁具が海中にあるのだろうか。なんらかのアクシデントによってやむを得ず漁具を海中に手放す場合があるが、問題なのは漁師が故意に海に捨てる場合だ。違法で操業する漁船は、獲れた(盗んだ)魚を船に乗せて帰港する際、検査をすり抜けるために漁具を海に捨ててくる。[41]

違法操業でなくとも、漁具を海に捨て、船の甲板の空いたスペースにもっとたくさんの魚を積んで帰った方が儲かるし、漁具を捨てた方が燃料の節約になる場合もある。漁具は破損したら捨てることが多いが、陸で処分するために破損した漁具を持ち帰るよりも、海に捨ててしまった方が安くつく。[42]そのため漁具が簡単に海にポイ捨てされる。

世界の海で年間にどのくらいの漁具が(ポイ捨ても含めて)紛失しているか正確な推定はない。しかし過去数十年の間に漁場はますます広がり、捨てられる漁具も急増している。

世界で最も遺棄された漁具が見つかるのが北オーストラリアの沿岸だ。二〇〇五年から二〇一二年の間に約九〇〇〇個の漁具の残骸が回収されている。[43] 主な原因は、オーストラリアの北に位置するアラフラ海やティモール海で操業している漁船(違法操業を含む)から紛失または投棄された漁網。それらが北オーストラリアの沿岸に流れてくる量だけでも、年間一キロメートルあたり三トンにおよぶ。

空へポイ捨て

風船は、多くの人があまり考えたことのない海洋ごみかもしれない。風船は、晴れの式典や結婚式などの特別なイベントでよく使われ、意図的に空へ飛ばされる。ビーチで拾われる海洋ごみのおよそ一%は風船ごみと言われており、世界中で行われている海岸クリーンアップ事業では、過去二五年の間に一二〇万個の風船ごみが回収された。[44]

ヘリウムの入った風船が空へ放たれると、破裂するまで上昇し、バラバラになって落ちてくる。破裂して細長い破片になった風船ごみはウミガメに誤食される(詳しくは第七章)。プラスチックのフィルムでできた風船なら海中で分解されることはない。

天然ゴムの風船なら速やかに生分解されるから問題ないと思いきや、海中では長期間環境中に残り続ける。[45] 風船にプラスチック製の紐がついていれば、海洋動物に絡まる要因にもなる。空へ風船を放つことは環境中へポイ捨てしていることと大差ない。

不本意にも出てしまうごみ

使用中のプラスチックも、不本意に、あるいはなんらかのアクシデントによって環境中に出てしまう。特にタイヤの摩耗、製造業や運送業、農業などによって定期的に発生し、一部が海に入りこむ。

道路粉塵

道路を走る車のタイヤから発生する削りカスは、マイクロプラスチックの主要な発生源の一つだ。[46] タイヤは合成ゴムでできており、広い意味でプラスチックである。道路上に印刷された標識もまたプラスチックでできているが、削れてマイクロプラスチックとなる。私たちの履く靴の底からもマイクロプラスチックが発生する。ほとんどの靴底は合成ゴムでできているからだ。かかとがすり減っていればマイクロプラスチックを発生している証拠だ。こうして発生したマイクロプラスチックは、雨風に飛ばされ流され、やがて海へ流入する。実際に合成ゴムから発生する粒子は海底の堆積物からたくさん見つかっている。

農業

農業はプラスチックをたくさん使う産業だ。温室にはビニールシートやフィルムが使われる。保温や湿度のコントロール、雑草の成長を遅らせるために土をビニールで覆う。農作物を入れる容器、家畜飼料を覆うビニールのフィルム、鳥や虫を防ぐためのネット、梱包用のひも、灌漑《かんがい》用の塩ビパイプ、化学肥料の袋、農薬の容器など、あらゆるものにプラスチックが使われている。

農業に使用されるプラスチックの多くは、長時間太陽光にさらされ、日中は高温になる。光分解や熱酸化分解によって劣化し、やがてボロボロになりマイクロプラスチックを発生する。発芽をコントロールするために種子をプラスチックでコーティングすることもあるが、コーティングに使われるプラスチックは発芽した後も土壌に残ったままだ[14]。

いったん土壌に混ざってしまったマイクロプラスチックを取り除くのは容易なことでない。密度の大きいプラスチックは土壌中に残り続け、土壌の深くまで潜り込んでいく。一方で密度の小さいプラスチックは風に飛ばされ、あるいは雨に流され、最終的に海に流れ込む。

漁業や釣り

ポイ捨てされる漁具については先に述べた通りだが、漁船が操業中にやむを得ず漁具を海に捨てる場合がある。操業中に漁具が海底に引っかかれば、事故を防ぐためにロープを切断して漁網を捨てる必要があるし、悪天候など別の理由で紛失する場合もある[41]。

趣味の釣りで紛失した釣り糸も消えることなく海中に残る。釣る魚の対象にもよるが、最近人気があるのは頑丈なフッ素樹脂の釣り糸だ。フッ素樹脂はきわめて丈夫で紫外線で劣化することもない。

海上輸送

海上輸送ではコンテナの紛失が頻繁におきている。一〇〇万個につき一四個のコンテナが輸送中に海中へ落ちると言われる。[14] 主な原因は時化《しけ》または船同士の衝突だ。一九九〇年から二〇〇五年の間に約一万七〇〇〇個のコンテナが紛失している。海中へ落ちたコンテナの扉が開いて中身が流出し、プラスチック製品が含まれていれば、それがプラスチックごみの発生源となる。[47]

一九九七年にロッテルダムからニューヨークに向かうコンテナ船を高波が襲い、六二個のコンテナが海中に滑り落ちた。その中にはレゴブロックを積んだコンテナがあり、五〇〇万個のレゴが海中に放たれた。[48] 皮肉にもその大部分は海をテーマにしたもので、二〇年以上を経た現在でもイギリスのコーンウォールの海岸にはタコやスキューバなどのレゴが打ち上がる。頑丈なプラスチックでできたレゴは腐ることがない。

樹脂ペレット

浜辺に落ちている小さなプラスチックの欠片を拾ったことがあるだろうか。大量のプラスチックごみの破片の中に、丸っこいかわいらしいプラスチックごみが落ちていることに気がつくかもしれない。これは樹脂ペレット(レジンペレット)と呼ばれ、プラスチック製品を成型・加工する際に使う中間原料になるものだ(**第三章図5**)。「人魚の涙」とも呼ばれ、大きさが二〜五ミリメートル程度でマイクロプラスチックに分類される。もともと、この樹脂ペレットをマイクロプラスチックに含めるために、マイクロプラスチックのサイズ定義が五ミリメートル以下になった。

樹脂ペレットは世界中の海や浜辺で見つかっている。ニュージーランドのある浜辺では、海岸に沿って一メートルおきに一〇万個以上の樹脂ペレットが見つかった[49]。樹脂ペレットは、ペレットの入っていた袋が破けたり、袋に充填中にあふれたりして環境中に漏れ出す。適切に回収されなければ、とくに作業が野外で行われていれば雨風によって飛ばされ流されていく。輸送中も樹脂ペレットに細心の注意を払わなければこぼれ落ちていく。

樹脂ペレットよりももっと細かい原料プラスチックが漏れ出すこともある。ペットボトルを成形する際には粉末状にしたポリエチレンテレフタレートが型に流し込まれるが、製造過程や輸送中にこぼれ、一部が環境中に漏れ出す。最近では、塗料や接着剤、医薬品の輸送体、電化製品などあらゆるところでナノプラスチックが利用されるが、これも工場での製造過程や輸送過程で環境中に漏れ出す。

5 プラスチックは最終的に海のどこにいくの?

浮くか、沈むか? それが問題だ

プラスチックごみが最終的に海のどこにたどり着くかはその密度と海洋の流れで決まる。プラスチックは材質によって密度が異なるため、海水よりも密度が小さければ浮き、大きければ沈む(**表3**)。海水の比重はおよそ一・〇二だ。ポリエチレンやポリプロピレンのように密度が小さいプラスチックは海洋の表層やその付近に留まる。一方、ペットボトル本体のポリエチレンテレフタレート(ペット)のように海水より重いと沈む。ペットボトル容器が海水に浮いている光景を目にすることもあるが、それは蓋が閉まっていて中に空気が入っている場合だ。

今日製造されているプラスチック製品の半分くらいは海水よりも軽い[13]。軽いプラスチックは海洋の表層流と風、波によって世界中の海を漂流し、一部は海岸に打ち上がる。詳しくは次章で述べるが、軽いプラスチックでも表面に付着生物がつき、重くなると沈む。

表3　プラスチックの密度

プラスチックの種類	英語名(省略名)	密度(g/ml)	用途の例
ポリプロピレン	Polypropylene (PP)	0.85-0.92	包装フィルム，食品容器，キャップ，コンテナ，ごみ容器
低密度ポリエチレン	Low density polyethylene (LDPE)	0.89-0.93	レジ袋，包装材，農業用フィルム，牛乳パックの内側コーティング
高密度ポリエチレン	High density polyethylene (HDPE)	0.94-0.97	包装材，シャンプー容器，バケツなど雑貨，灯油かん，パイプ
ポリスチレン	Polystyrene (PS)	1.04-1.08	CD ケース，食品容器
発泡ポリスチレン(発泡スチロール)	Expanded polystyrene (EPS) 通称 Styroform	0.02(＊)	梱包緩衝材，魚箱，食品トレー，カップ麺容器
ポリ塩化ビニル	Polyvinyl chloride(PVC)	1.16-1.41	水道管，ホース，壁紙など建材，おもちゃ，合皮
ポリエチレンテレフタレート(ペット)	Polyethylene terephthalate (PET)	1.38-1.41	ペットボトル，缶の内側コーティング，食品容器
海水		1.02-1.03	

＊空気が入っているので密度は小さい

海水と密度が同じくらいなら中性浮力(浮きも沈みもしない状態)を保って海中を漂い、やはり海流にのって移動する。一方、海水よりも密度の大きなプラスチックは沈降して、海底の堆積物に埋もれていく。河川底に沈んだ重たいプラスチックもやがては流されて海底の堆積物へとたどり着く。

このように海に流入したプラスチックは海岸、海の表面やその付近、そして海底に蓄積する。北海では、毎年海に流入するプラスチックごみのうち、一五％が海面に留まり、一五％が海岸へ打ち上げられ、残り七〇％が海底に沈むと言われる。[29]

表層に浮かぶプラスチック

軽いプラスチックの「集積所」

軽いプラスチックは、ゆっくりと海流に流され、広い外洋のある場所に溜まっていく。そのある場所とは、世界の大洋に五つある巨大なごみの「集積所」のことだ。図をみてほしい（図**6**）。世界の大洋には、ぐるりと一周する大きな海流のループが五つある。亜熱帯域をぐるぐると循環しているので「亜熱帯循環系」という名がついている。

特に巨大な循環は北太平洋にあるが、南太平洋でも、大西洋でもインド洋でも、それぞれの大洋でぐるぐると循環している。英語でジャイア（Gyre）という。海を漂流する軽いプラスチックごみは、この海流の大きなループにつかまって、渦にまかれながら、次第にループの内側へと運ばれていく。

ループの真ん中までやってきた海水は、最終的には出口を求めておよそ数百メートル下まで潜り込んでいく。しかし海水よりも軽いプラスチックは下まで潜り込まずに海表面に留まる。時間が経つにつれ、これら五つの循環系には、それぞれ巨大なごみの集積所が形成されていくというわけだ。

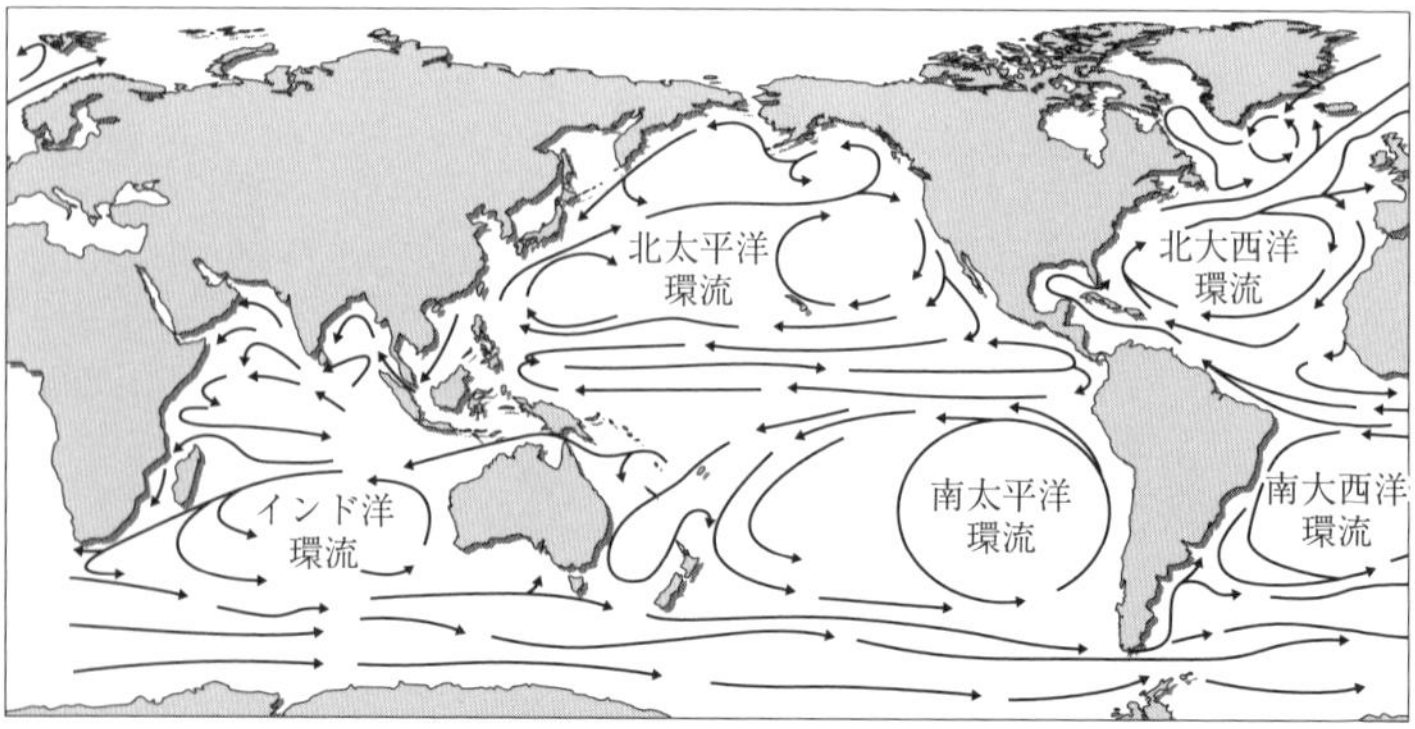

図 6　世界の大洋を循環する 5 つの環流(ジャイア)
UNEP & GRID-Arendal(2016)を一部改変(文献 14)

一番身近な北太平洋に目を向けてみよう。北太平洋にある時計回りの大きな海流のループは、北太平洋亜熱帯循環または北太平洋環流と呼ばれる。この時計回りのループの西の端にある、とくに流れの強い部分が黒潮だ。日本や中国、韓国などの東アジアやフィリピンなどの東南アジアからでたプラスチックごみの一部は、黒潮にのって北上する。実際に紀伊半島沖では黒潮の本流のほうがその周辺よりもごみの量が多い。[50]

北太平洋環流にのってさらに東に運ばれたプラスチックは、しだいに米西海岸の沖合にある収束域に集積していく。ここではおびただしい量のプラスチックごみが見つかっている。一九九七年にチャールズ・モア(米)が、ハワイと米西海岸の間の広大な海域に無数の小さなプラスチックの破片が浮いていることに気づく。[51] のちにグレートパシフィックごみパッチ(Great Pacific garbage patch)として有名になり、海洋プラスチック汚染への関心を高めるきっかけを作った。いわゆる「プラスチックごみのスープ」と言われる場所だ。

誤解しないでほしいが、ここには目に見えるプラスチックごみが山のように集積しているわけではない。むしろ見た目にはほとんどわからないのだが、プランクトンネットを曳《ひ》くと小さなマイクロプラスチックがたくさん見つかる場所なのだ。チャールズ・モアによれば、ここで見つかるマイクロプラスチックの重量は同じ場所に生息する動物プランクトンの六〜四五倍もあった[51]。

Great Pacific garbage patch の日本語訳が「太平洋ごみベルト」になっていることがあるが、パッチ(patch)はベルトとは違う。日本列島の南側からアメリカ西海岸にかけて、ごみが帯状に集積している部分を太平洋ごみベルトという。

東アジアや東南アジアから入りこんだプラスチックは約一年で米西海岸沖合のグレートパシフィックごみパッチにたどり着く。アジアから多くのごみが流れ着いて迷惑と考えている大統領もいるようだが、実は米西海岸で捨てられたごみも、同じく北太平洋亜熱帯循環につかまって西に進み、約二年間かけてアジア周辺の海域にたどり着く。

日本側から米側の方へごみがより速く流れ着く理由は、北太平洋亜熱帯循環の北側にある北太平洋亜寒帯循環の流れが手伝って、全体的に東向きに流れる海流が速くなっているからだ。ただしサイズの小さなマイクロプラスチックの場合は三年とかもう少し遅く米側へ到着するようだ。

実は北太平洋にはグレートパシフィックごみパッチの他にもう一つ大きなごみパッチがあると言われている。それは日本の南方の沖合にある黒潮続流再循環ジャイアだ。ここは黒潮の続流が渦を巻いている場所で、多くのごみが集積していると考えられている。西太平洋ごみパッチとも呼ばれる。しかし調査に乏しく、どのくらいプラスチックごみが浮いているのか、その実態はほとんど明らかとなっていない。

北の海で桁違いに多いマイクロプラスチック

世界中の海に流入するプラスチックごみのほぼ半分は東アジアと東南アジアから漏れ出たと推定されているが、[6] もしそうなら浮遊プラスチック量は南半球よりも北半球の海で多いはずだ。これを確かめるため、九州大学の磯辺篤彦教授や東京海洋大学の東海正教授らのチームは調査船「海鷹丸《うみたかまる》」に乗り込んで、南極海から日本まで、つまり南から北までマイクロプラスチックの横断調査を実施した。

その結果、北半球のマイクロプラスチック数は南半球よりも一桁多く、さらに日本近海のマイクロプラスチック数は南半球よりも二桁も多いことが判明した。[52] やはり北半球のほうが南半球よりもプラスチック汚染が進んでいるのだ。

先に述べた通り、中国や東南アジアの一部から海に流れ込んだプラスチックごみは黒潮に乗って北上する。勘の良い人ならピンと来るかもしれないが、そう、最初に行き着く場所が日本なのだ。日本はプラスチック大量排出諸国からでたごみが海流によってまさに運ばれる海域にある。

　磯辺教授らが日本周辺のさまざまな海域に浮遊するマイクロプラスチックの数を調べたところ、日本のマイクロプラスチック数は世界平均よりも二七倍多いことがわかった(図**7**)。やはり日本は浮遊マイクロプラスチックのホットスポットになっていたのだ。[53]

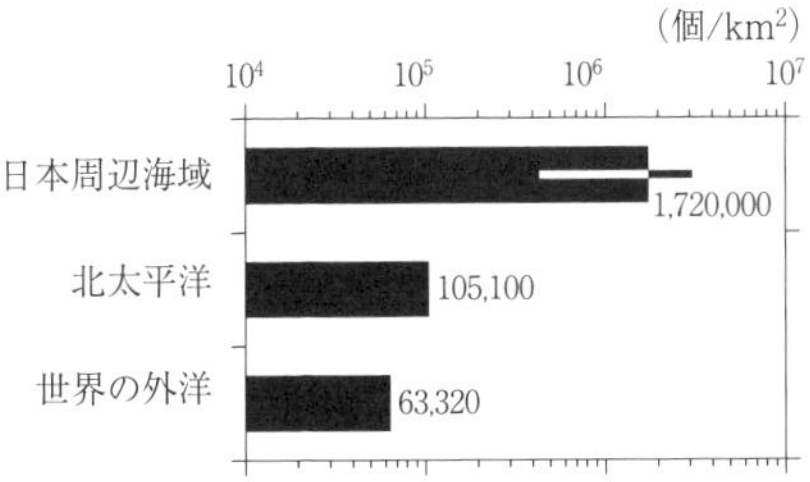

図 7　日本はマイクロプラスチックのホットスポット
横軸が対数スケールであることに注意
Isobe et al. (2015)を一部改変(文献53)

海岸・浜辺に集積するプラスチック

　海岸に集積するプラスチックごみの量は、人口の多い国の海岸やたくさんの人が訪れる海岸で多く、特にごみの管理が不十分な国の海岸で目立つ。さらに商業船、水産養殖業、漁業などの海洋活動が活発な場所でも沿岸域にプラスチックごみが溜まる。

　大陸と接していない小さな島でも無数のプラスチックごみが海流にのって運ばれて打ち上がる。本書のはじめにもふれたように、太平洋のど真ん中にあるヘンダーソン島は人間活動とは無縁の無人の孤島だが、南太平洋環流の中心付近に位置するため、主に南アメリカから海流にのって運ばれて来るごみや、漁業船から捨てられたごみが打ち上がってくる。推定で毎日三五〇〇個以上のプラスチックごみがこの島の浜に打ち上がっており、約四〇〇〇万個のプラスチックごみがビーチに散乱しているのだ。[1]

大きなごみだけではない。砂浜に目を近づければ無数のマイクロプラスチックを見つけることができるだろう。実際に砂浜を掘ればたくさんのマイクロプラスチックがでてくる。砂浜の一平方メートルから数万個の微小なマイクロプラスチックがでてきても珍しいことではない。[54]

海底に沈むプラスチック

沈んだプラスチックごみは、主に海底の大陸棚から大陸縁辺部《たいりくえんぺんぶ》にかけて蓄積していく。特に海底谷《かいていこく》によく溜まる。海底谷とは、海底の大陸斜面にある谷のことだ。

同様に、海底プレートが沈み込んで海底が溝状に細長く深くなっている海溝《かいこう》にもごみが集積しやすい。海溝には幅の狭いV字型をした部分があり、マイクロプラスチックやその他のごみが溜まりやすくなっているのだ。

世界で最も深いマリアナ海溝でも使い捨てプラスチックが見つかっている。海洋研究開発機構（JAMSTEC《ジャムステック》）の無人探査機「かいこう」が、一九九八年にマリアナ海溝（水深一万八九八メートル）を調査したときは、海底にレジ袋の破片が落ちていた[55]（図**8**）。二〇一六年に米国海洋大気庁（NOAA）が行った調査でも、マリアナ海溝近くの海山の斜面からレジ袋などさまざまなごみが見つかっている。

大きなプラスチックごみだけではない。マリアナ海溝にはマイクロプラスチックも高濃度に存在している。中国の研究グループがマリアナ海溝の水深二五〇〇〜一万一〇〇〇メートルから堆積物を採集したところ、海溝の深部へ向かうにつれマイクロプラスチック濃度が増加していることがわかった[56]。最深部では堆積物一リットルあたり最大二二〇〇個のマイクロプラスチックが見つかっている。大部分は長さ数ミリの繊維状マイクロプラスチック（ポリエステル）だった。これらはマリアナ海溝に生息する深海生物にも食べられている（第七章）。

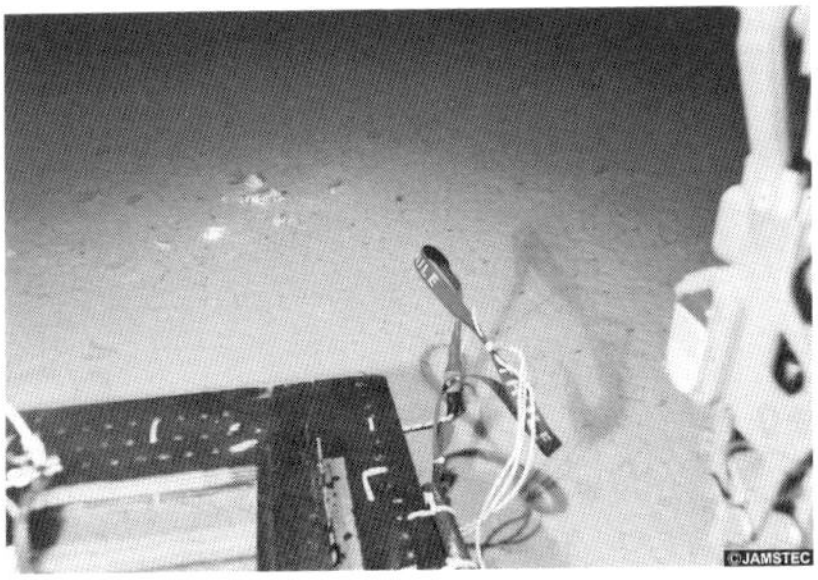

図8　マリアナ海溝のレジ袋
© JAMSTEC

日本周辺の深海底からもたくさんのプラスチックごみが見つかっている。JAMSTECの国際海洋環境情報センター（GODAC《ゴーダック》）では、過去三〇年以上にわたり深海探査機で撮影してきた海底の映像を再び見直し、映像に映るごみの記録を始めた。

インターネットで「深海デブリデータベース」と検索す

れば、その一部として公開しているごみ映像を見ることができる（www.godac.jamstec.go.jp/catalog/dsdebris/j/）。映像データの解析の結果、プラスチックごみは深海底のどこにでも存在し、見つかるプラスチックごみの九割以上が使い捨てプラスチックであることもわかってきた[55]。

6 行方不明プラスチックの謎

収支があわない

プラスチックは基本的に生物に分解されないため、海に流れ込んだ軽いプラスチックは海を漂流し、やがて五つの亜熱帯循環系(ジャイア)に捕らえられ、そこに留まっているだろうと研究者たちは考えていた。だが実際に海洋に浮遊するプラスチックの調査に乗り出した研究者たちは、奇妙な現象を目の当たりにして困惑する。

プラスチックは絶えず海へ流入しているにもかかわらず、その割に海の表面に浮いているプラスチックの量はそんなに増えていない。いや増えてはいるが、その増加速度は流入量に比べればずっと小さいのだ。

そして、それよりも気になるのは、海に浮いているプラスチックが少なすぎることだった。海に漏れ出したプラスチックの量はわかっているので、どのくらい海に浮かんでいるかも予測していた。だが研究が進むうちに、海に浮かんでいるのは氷山の一角にすぎないことがわかってきたのだ。

今日生産されるプラスチックのおよそ半分は、海水よりも比重が小さいため海水に浮く。すると大雑把に言えば、一九五〇年から製造されて海に流出したプラスチックの半分くらいはいまも海の上を漂っているはずだ。どのくらいのプラスチックが浮いている〝はず〟なのか？　ちょっと計算してみよう。

一九五〇年からこれまでに海に漏れ出たプラスチックの量は、控えめに推定して一億五〇〇〇万トンであることは第三章で述べた。すると海表面を漂う「軽い」プラスチックはその半分の七五〇〇万トンになる。

軽いプラスチックの一部は浜辺や沿岸域に留まるが、六割以上は外洋に流出すると考えられているので[57]、少なくとも四五〇〇万トンの軽いプラスチックが外洋に運ばれ表層に浮いているはずだった。しかし実際の観測にもとづいて推定した海表面のプラスチック量は、四五〇〇万トンの一%にも満たなかったのだ。

これまでの調査によって全球を浮遊するマイクロプラスチックの総量は九万三〇〇〇～二三万六〇〇〇トンと推定されている。推定値が研究によって大きく異なるのは、データの標準化や排出量のスケールアップなどシミュレーションの方法が異なるからだ。

ここでは多めに見積もって二三万六〇〇〇トンで計算してみよう[5]。この値には、もっと大きなマクロプラスチックが含まれていないので、その値およそ二〇万三〇〇〇トンを加えると[58]、実際に全世界の海の表面に浮かぶプラスチックごみの総量は約四四万トンになる。しかしこの値は、海に浮かんでいるはずだった四五〇〇万トンの一%も説明できていない。残りの九九%以上が表層から失われたことになるが、その行方がまだ明らかとなっていないのだ。この消えたプラスチックは「行方不明プラスチック（The Missing Plastics）」と呼ばれ世界中の研究者の関心の的になっている。これまで多くの関心が外洋の表層に浮かぶプラスチックごみに集まっていたが、それらは海に蓄積するプラスチックのわずか一%以下でしかないのだ。

残り九九%はどこへ？

これには何か理由があるはずだ。ちゃんとした答えはまだ誰も知らない。たしかに外洋に浮かぶプラスチックの量は増えているが、その増加速度はゆるやかだ。陸から海に漏れ出たプラスチックは物理的に分解して外洋の表層にたどり着く頃にはなくなってしまったのだろうか。いやそんなことはありえない。プラスチックは紫外線や熱によって物理的に崩壊するが、そのプロセスはきわめてゆっくりなので（第三章参照）、もし物理的なプロセスだけが起こっているとすれば、海の表層のプラスチック量は右肩あがりになっているはずだ。

プラスチックは確かにどこかに隠れている。深層に沈んでいったのか？　それともあまりにも小さく微細化してしまったので、調査船のプランクトンネットをすり抜けて単純に捕れなかっただけなのか？

海表層のマイクロプラスチックは、目合い(網目の大きさ)三三〇マイクロメートル程度のプランクトンネットを使って採集されるので、三三〇マイクロメートルより小さいマイクロプラスチックの量と分布はほとんどわかっていない。でもそのような微細なマイクロプラスチックでは、数は多くなっても体積は小さいため、それほど全体の量(重量)を過小評価しているとは考えづらい。

他の生物に飲み込まれてそこに留まっていると考える人や、海流によって予想もしていない場所へ運ばれている可能性を主張する人もいた。さまざまな憶測が研究者の間で飛び交う中、イギリスの研究チームが、深海底の泥中から無視できない量のマイクロプラスチックを見つけたと発表する。[59]北大西洋、地中海、南西インド洋の深海底(深度一〇〇〇〜三五〇〇メートル)から採取された堆積物の中には、青や赤色の化学繊維がたくさん混じっていたのだ。

インド洋の深海底からは、五〇ミリリットルの泥中に最大で四〇個の化学繊維が見つかっている。五〇ミリリットルと言えば、私たちが普段使っているコップの三分の一程度のわずかな量だ。この濃度は、ジャイアに集積するマイクロプラスチック濃度よりも数万倍は高い。

深海底で見つかるマイクロプラスチックの平均的な濃度は、おおざっぱに計算すると浅い海の海底よりもおよそ二倍は高い。つまりプラスチックごみは、より深い深海に溜まっているのだ[59]。

深海に存在するプラスチックは「行方不明プラスチック」の謎に答えるカギを握っているかもしれない。まだ詳細な研究は少ないものの、深海の海水中や深海底の堆積物、そして底生動物の体内からマイクロプラスチックが見つかりはじめている。

前の章で日本周辺の海表層に浮遊するマイクロプラスチック濃度は世界平均よりも抜きん出て多いことを述べた。日本はごみ最大排出国の中国や東南アジアから大量のプラスチックごみが海流によって運ばれてくる海域にあり、海表面にはたくさんのマイクロプラスチックが浮いている[53]。

ならば日本周辺の深海底にもきわめて多量のプラスチックごみが集積している可能性が高い。日本では沿岸や表層のプラスチックの実態研究が着手されているに過ぎず、深海プラスチックの実態はほとんどわかっていない。ＪＡＭＳＴＥＣはまさに日本周辺の深海に沈んだプラスチックごみの調査を始めたところだ。

軽いプラスチックが沈む秘密——深層への輸送プロセス

軽いプラスチックは表層から消える。おそらくは沈降して深層へ運ばれるのだ。しかし、どのくらいの時間スケールで表層から消失する(沈む)のかは不明だった。一年より短いのか、一〇年より長いのか？　欧米の研究では、海表面のマイクロプラスチックは三年以内に消失することがモデルで示されている。[60]

九州大学の磯辺教授らが太平洋の表層にマイクロプラスチックが滞留する時間をシミュレーションした結果、海に流入したマイクロプラスチックが一年で消失したら現状の海面に浮かぶマイクロプラスチック量は説明できないし、一〇年だと長すぎることがわかった。[52]

一〇年ならもっとたくさんのマイクロプラスチックが海の表面にあるはずだが、それほどないのだ。三年で見積もると、過去から現在にかけて報告されているマイクロプラスチック量とちょうど合致する。こうして、マイクロプラスチックが海の表層に浮かんでいる時間は三年から数年だろうということがわかってきた。

ではどうして軽いプラスチックが沈んでしまうのだろうか？　本来なら、ポリエチレンやポリプロピレンのように比重の小さいプラスチックは海面の上に留まっていてもおかしくはないわけだ。大きなプラスチックにフジツボなどが付着して重くなり海底に沈んでしまうことは容易に想像できる。しかし、小さなマイクロプラスチックにフジツボが付くことは難しいし、マイクロプラスチックは小さいために大変に沈みにくい。

深海にマイクロプラスチックが運ばれるにはいくつかのプロセスがある。マイクロプラスチックが生物の作用によって深層へ輸送される生物的なプロセスと、海水が沈み込むことによって深層へと輸送される物理的なプロセスだ。

マリンスノー（生物的輸送）

マイクロプラスチックは海水中の藻類やバクテリアから分泌される粘液（糊のような物質）の作用を受けて凝集する。この凝集体こそが、マイクロプラスチックが深海へと沈んでいく要因の一つだ。

海洋には非常に膨大な数の粒子状の有機物が漂っている。それらは植物プランクトンや動物プランクトンのように生物そのものである場合もあれば、生物の糞粒や死骸、脱皮殻のような粒子（デトリタス）もある。このような生物由来の粒子は、相互作用して、凝集して塊を作る。そして重くなり水の中を沈んでいく。マリンスノーと呼ばれるものだ。

ドイツの実験ではマイクロプラスチックのビーズを使って、植物プランクトンなどの生物由来の粒子がある条件とない条件でビーズが凝集するか調べた。結果は明白で、マイクロプラスチックだけでは凝集体にはならないが、生物由来の粒子がある条件では数日で凝集体が形成されていたのだ（**図9**）。

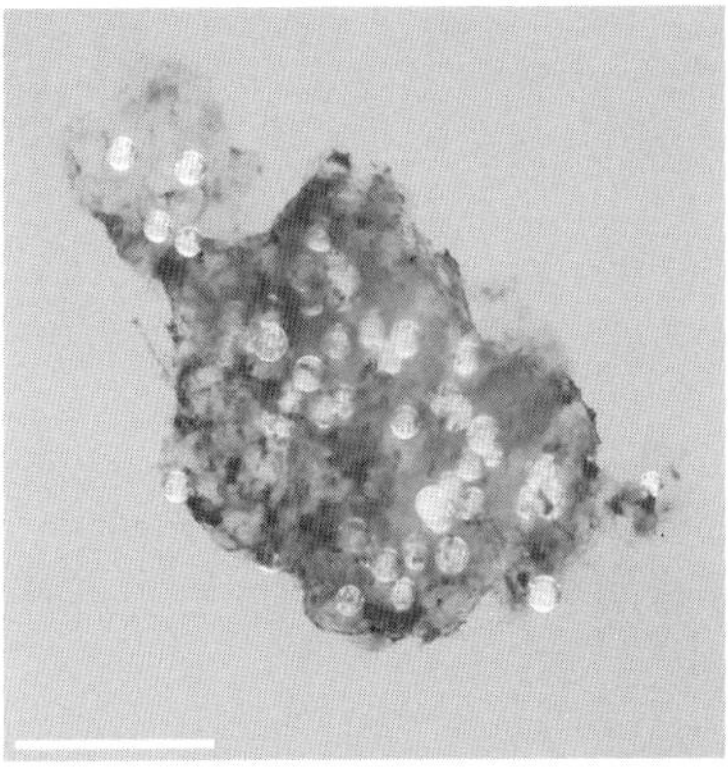

図9　マイクロプラスチックを包むマリンスノー
写真中の小粒がマイクロプラスチック．スケールバーは20 μm．Michels et al. (2018) Proc. R. Soc. B 285 https://doi.org/10.1098/rspb.2018.1203 (CC BY 4.0)（文献61）

実験開始から一二日後には、七割のマイクロプラスチックが凝集体の中に閉じ込められていた。[61]

さらにマイクロプラスチックの表面にバクテリアや藻類が付着しているほうが、より短時間に凝集体を形成することもわかった。[61] 海の表面を漂うマイクロプラスチックには、バクテリアや藻類が付着しているし、周囲にはたくさんの植物プランクトンやその他の有機粒子があるから凝集しやすい。

こうして凝集体の中に閉じ込められたマイクロプラスチックは、マリンスノーとなって深層へ沈んでいく。これが海の表面から深海へマイクロプラスチックが輸送される一つのメカニズムだ。

マイクロプラスチックは動物に食べられて深層へと運ばれる場合もある。動物プランクトンは、マイクロプラスチックを飲み込み、マイクロプラスチックは糞とともに排出される。糞はパックされたような構造をしており、包まれたマイクロプラスチックはマリンスノーとして深層へと沈んでいくのだ。[62]

魚類や動物プランクトンの中には、夜間に海の表層で餌を食べ、昼になると深層へ潜る習性をもつものが多い(日周鉛直移動という)。すると表層で食べられたマイクロプラスチックは、動物の体内にはいったまま深層へ運ばれ、深いところで糞と一緒になって排出される。

海には、オタマボヤ(尾虫類《びちゅうるい》)というセルロースで作った家(ハウス)の中に住むちょっと変わった動物プランクトンがいる。この小さな動物もマイクロプラスチックを深層に輸送する手助けをしている。

　オタマボヤはしっぽをひらひらさせて水流を起こし、海中を漂う有機物をハウスの中に呼び込み、これをこし取って食べているが、その過程でマイクロプラスチックもハウスの中に呼び込んでしまう。ろ過能力が高いハウスはすぐに詰まるので、オタマボヤはハウスを脱ぎ捨てては作り直す。

　一日に六回くらい脱ぎ捨てることもあれば、暑いときには二〇回以上も脱ぎ捨てることがある。脱ぎ捨てたハウスに含まれたマイクロプラスチックは、やはりマリンスノーとなって深層に沈む[63]。

海水の沈み込み（物理的輸送）

　もしプラスチックごみの密度がほとんど海水と同じなら、中性浮力（浮きもしないし沈みもしない状態）を保ったまま海水の動きにのって深層へと運ばれていく。海水が表層から沈み込めば、プラスチックも一緒に下方へ輸送されるわけだ。

　ではどうやったら海水は沈み込むのだろうか？　海水の沈み込みは、気候の変化によって引き起こされる現象で、中緯度から高緯度の海域でよく起きる。冬場に冷たい風が吹きつけ、表層の水が冷却され、また蒸発によって塩分が高くなると、低温で高塩分の海水になる。海水は冷えると密度が大きくなり重くなる。同じように塩分が高いと密度が大きくなり重くなる。

もし表層の水が、下層の水よりも重ければ、海水の沈み込みが発生する。沈んだ海水は、海底にぶつかりながら海底の斜面を下っていき、より深層の水と密度が同じになるまで潜り続ける。このように沈み込む海水と一緒にプラスチックも深層に運ばれていくのだ。

世界の海には、表層の水が深海まで一気に沈み込む場所が二つある。それは北大西洋北部のグリーンランド沖と南極の周辺だ。海水が沈み込むためには、低温で高塩分という条件が必要だと話した。グリーンランド沖と南極の周辺には、非常に塩分の濃い海水が集まり、さらに非常に冷たい大気によって海水が冷却されるため、ここで大規模な海水の沈み込みが発生する。

このように沈み込んだ海水は、深層水となって世界の海底を旅しながら、ふたたび表層に浮上してくる。このような大規模な深層水の長旅を、深層大循環(または熱塩循環)と呼ぶ。深層大循環によって運ばれた海水が世界の深層をぐるりと回って再び表層に浮上するまでには何千年という長い時間がかかる。したがって何千年後かには、人類の負の遺産であるマイクロプラスチックを再び目の当たりにする未来の人類の姿があるかもしれない。

7 ディープ・インパクト——海洋生態系と人への影響

プラスチックごみに絡まる海洋生物の悲惨な写真や、海鳥の胃から大量のプラスチック片がでてくる衝撃的な映像を見た人も多いだろう。プラスチックごみの被害を受けた海洋生物のリストは年々増加しており、プラスチックを餌と間違えて誤食(誤飲)する海洋生物や絡まりの被害をうけた海洋生物はわかっている範囲でも七〇〇種類を超える。[64]

昨今、特に問題になっているのがマイクロプラスチックで、その小ささ故にかなり多くの海洋動物が誤食している。結果的に人間の健康問題とも直結する恐れがある。それだけではない。海洋プラスチックは海底に覆い被さってダメージを与えるし、外来種や病原菌の伝搬者にもなり、自然界には起こりえない生態系まで作り出してしまう。

このように海洋プラスチックが海の生態系に及ぼす影響は、(一)生物への取込、(二)絡まり、(三)覆い被さり、(四)外来種の伝搬、(五)新生態系の五つに大別される。そして私たち人間の健康と社会への影響がここに加わる。この章ではプラスチックがもたらす海洋生態系への影響について、とくに生物への取込に焦点をあてて見ていきたい。

プラスチックを食べるものたち

海洋生物の餌にプラスチックが当たり前のように混入するようになってきた。プラスチックはまったく消化できない異物だが、プラスチックを誤食する海洋生物の報告は後を絶たない。すでに二三〇種以上の海洋生物がプラスチックを餌と間違えて食べている。[65]

つい最近もプラスチックごみを食べているオキクラゲが地中海で見つかった。食べていたプラスチックごみにはフィリップ・モリス・インターナショナルの文字がくっきりと見える。[66] タバコの箱の包装に使われていたものだ。

海洋動物が食べてしまうプラスチックごみは二つのサイズに大別できる。一つはマクロプラスチックで、ペットボトルのフタからビニール袋といった大きさが数センチから数十センチ程度のプラスチックだ。

もう一つはマイクロプラスチックで、これはマクロプラスチックが劣化して微細化したもの、あるいはマイクロビーズのように最初から小さいものがある(詳しくは第三章)。小さなマイクロプラスチックはより小さな動物に食べられる。それぞれ見ていこう。

大きなプラスチックを食べるものたち

最初にマクロプラスチックを食べる動物を紹介する。比較的大型の動物が食べる傾向があり、クジラ、ウミガメ、海鳥などが含まれる。

クジラのお腹からプラスチックがでてくるのはよく聞く話だ。二〇〇八年に北カリフォルニアの浜辺に打ち上がった二匹のマッコウクジラの胃内容物からは、プラスチック製のロープ、漁網、漁で使うウキ、その他プラスチックのかけらなどが見つかった[67]。この二匹のマッコウクジラのうち、一方の消化管には二四キログラムのごみがぎっしりと詰まり消化管が破裂した。他方は七四キログラムのごみで消化管が閉塞していた。

ギリシャのミコノス島に打ち上がった若いマッコウクジラは、一〇〇枚以上のポリ袋を飲み込んで死んでいたし、台湾でもマッコウクジラの胃から大量のポリ袋や漁網が見つかっている。

スペイン・グラナダの浜辺に打ち上がった四・五トンのマッコウクジラの胃には、およそ八キログラムのプラスチックごみが詰まっており、胃が破裂していた[68]。このマッコウクジラの胃からは、温室に使うビニールハウスのシート、根を覆うためのプラスチックのシート、フラワーポットなど農業で使うプラスチック製品が見つかっている。イカと間違えて食べていたのかは不明だ。

ウミガメのお腹からも大小さまざまなプラスチック袋が出てくる。ウミガメによるプラスチックの摂食が初めて報告された一九六八年以来、すでに世界中に生息する全種(七種)のウミガメによるプラスチックの誤食が確認されている[65]。ウミガメは、ビニール袋などの柔らか

図 10　浜辺で回収された，破裂したゴム風船の破片
このようにクラゲのようなかたちになることが多い．
Photo: USFWS Headquarters https://flic. kr/p/dj3GHH (CC BY 2.0)

くて透明なごみを好んで食べている。おそらくクラゲなどの餌と間違えて食べているのだろう。

ゴム風船の破片もウミガメに間違えてよく食べられている。第四章でも述べたが、風船ごみの細長い破片は、ウミガメが食べる鉢クラゲの触手にそっくりだ(図**10**)。オーストラリアのクイーンズランドで行われたウミガメの調査では、死体の胃から最も多く出てきた人工物がゴムで、そのうち八割がゴム風船の破片だった。[69] ゴム風船はプラスチックではないが、海中におけるゴムの分解はきわめて遅い。分解される前にウミガメに食べられている。

ウミガメは食べたごみをいとも簡単に腸まで運んでしまう。そのため、ほとんどのプラスチックごみや風船の破片は胃よりもむしろ腸で見つかる。結果的に、プラスチックの摂食によって腸閉塞など腸の機能が阻害される。[70]

海鳥によるごみの誤食は広く知られており、すでに四〇%の海鳥(四〇六種のうち一六四種)から海洋ごみの摂食が報告されている。[65] とくにミズナギドリ目の海鳥がよくプラスチックを食べている。北海の海岸に打ち上がった約二千羽のフルマカモメの死骸の胃内を調べると、九割以上の個体からプラスチックがでてくる。

海鳥の多くは餌を求めて潮目《しおめ》に集まってくるが、ここにもプラスチックが集積する。潮目とは水温や塩分など密度が異なる水塊《すいかい》と水塊がぶつかる場所のことだ。密度が異なるので水はすぐには混じらず、水塊と水塊の境界で流れが弱くなる。そのためプランクトンなどの浮遊物が集積する。こうして集まったプランクトンを求めて小魚もたくさん集まってくるため、海鳥にとっては格好の餌場になっているわけだ。

しかし集まるのはプランクトンや魚だけではない。漂流するプラスチックごみも集積してくる。そのため海鳥は餌をとるときに多くのプラスチックごみに遭遇する。ミズナギドリ科やアホウドリ科のように、海の水面付近にいる獲物を食べるミズナギドリ目の海鳥ではプラスチックの摂食が多い[71]。

お腹をすかせた子どもたちの待つ巣に戻った親鳥は、胃の中に入った食べ物を吐き出して子どもに与える。このときにプラスチックも一緒に子どもの口に移っていく。ミッドウェイ環礁では、死亡または負傷していたコアホウドリのほぼすべてのヒナ鳥（調査したヒナ鳥の九七％以上）が、プラスチックを胃の中に入れていた[72]。胃に溜まったプラスチックを吐き出すことができなかったヒナは、巣立ちをする前に死んでいく。

コアホウドリのヒナだけでなく、ミツユビカモメ、フルマカモメ、カツオドリなど他の海鳥でも巣立ちをしていないヒナ鳥がプラスチックを誤食している。

小さなマイクロプラスチックを食べるものたち

マクロプラスチックよりもマイクロプラスチックを誤食する生物のほうが圧倒的に種類が多い。それは小さいからだ。貝類、サンゴ、カニなどの底生動物、動物プランクトン、魚類、ろ過食性のクジラなどさまざまな生物がマイクロプラスチックを食べている。いくつか例を見てみよう。

魚のうち、イワシやニシンなどのプランクトン食性の魚は、餌の動物プランクトンを食べる際にマイクロプラスチックも一緒に食べている。東京農工大学の高田秀重教授の研究チームは、煮干しの原料となるカタクチイワシの消化管からプラスチックが見つかったと発表して話題を呼んだ[73]。

カタクチイワシは煮干しだけでなく、その稚魚はシラスとして私たちが親しんでいる魚でもある。東京農工大学の研究チームは、東京湾で採集された体長一〇センチほどのカタクチイワシ六四匹の消化管を調べ、そのうち約八割の消化管から、合計一五〇粒のマイクロプラスチック(一匹あたり平均二・三粒)を見つけた。見つかったマイクロプラスチックのうち、約八割は大きさが〇・一〜一ミリメートルの大きさだった。

日本だけではなく世界中の魚の消化管からマイクロプラスチックは見つかっている。北太平洋環流では、調査した魚の一〇～三五％の消化管からプラスチック片が見つかっている。[74]北海とバルト海でも、ニシン、アジ、タラ、コダラ、カレイの消化管からプラスチック片がでてきたし、ポルトガルの沿岸でも二六種の食用魚からプラスチックが検出された。インドネシアの魚市場で購入した魚からは、約三割の消化管からプラスチック片がでてきた。[75]

タラなどの海底の無脊椎動物(貝など)を食べる魚は、底生動物が食べたプラスチックを一緒に飲み込んでいる可能性もある。これをマイクロプラスチックの二次摂食という。地中海では、メカジキ、タイセイヨウクロマグロ、ビンナガといった大型の回遊魚から、調査した個体の約二割の消化管からマイクロプラスチックがでてくる。[76]これも餌として食べた魚の体内にすでにマイクロプラスチックが混入していたことが原因だろう。

海水魚だけでなく淡水魚の体内からもマイクロプラスチックはでてくる。アマゾン川に生息する雑食性のパロットパクー、草食性のレッドフックメチニス、肉食性のピラニア・ナッテリーを含む一六種一七二匹の胃内容物を分析したところ、八割以上からマイクロプラスチックが見つかっている。材質分析の結果から、もとはレジ袋、ペットボトル、漁具などだったとわかった。[77]

消化管内だけでなく臓器からもマイクロプラスチックがでてくる。ヨーロッパのカタクチイワシは、アンチョビとしてよく知られた食用魚だが、その肝臓からもプラスチックがでてきた。[78]

実験的にポリエチレンの粒子(直径一〇〇~四〇〇マイクロメートル)を食べさせると一部が肝臓で見つかる。食べたプラスチックが、何らかの理由で消化管を通り越して臓器にまで移行していたのだ。ヨーロッパマイワシとタイセイヨウニシンの肝臓からもマイクロプラスチックが検出されている。

海棲哺乳類の糞からもマイクロプラスチックが見つかっている。[79] ニュージーランドの南にあるマッコーリ島では、ナンキョクオットセイの糞から小さなプラスチック片が見つかった。オランダでは、ゼニガタアザラシの個体群の約一割でプラスチックが胃中から見つかっている。餌の魚が食べていたマイクロプラスチックを一緒に食べてしまったのだろう。

シロナガスクジラのようなろ過食性のヒゲクジラは、その大きな口で餌のプランクトンを吸い込むときにマイクロプラスチックも一緒に飲み込んでいる。海中を浮遊するマイクロプラスチックの大きさは、クジラの餌となる動物プランクトンと同じくらいの大きさであることが多い。

イワシクジラの生息する地中海で採集されたマイクロプラスチックの大きさを見てみると、一~二・五ミリメートル程度の小さなプラスチックが五割を占め、四割はサイズが二・五~五ミリメートルの大きさだった。[80] 動物プランクトンとほぼ同じサイズなのだ。

地中海ではイワシクジラが摂餌活動を行うところにマイクロプラスチックが高密度に集積している傾向があるため、イワシクジラが動物プランクトンを食べるとマイクロプラスチックも一緒に飲み込むはめになる。

イワシクジラは餌を食べるときに、約七〇立方メートルの海水を一度に吸い込む。七〇立方メートルと言えば、一般家庭のバスタブ約三五〇杯に相当する。そのため地中海のイワシクジラは、餌のオキアミと一緒に一日に数千個のマイクロプラスチックを飲み込んでいると計算されている。[80]

深海生物の体内からもマイクロプラスチックが相次いで見つかっている。日本海溝、伊豆・小笠原海溝、マリアナ海溝、ケルマデック海溝、ニューヘブリデス海溝、ペルー・チリ海溝(水深六〇〇〇〜一万一〇〇〇メートル)といった太平洋の代表的な海溝で採集された端《たん》脚類《きゃくるい》という数センチメートルほどの小さな甲殻類の体内を調べると、およそ七割の個体からマイクロプラスチックが出てきた。[81]

地球で最も深いマリアナ海溝の端脚類にいたっては、調べた全部の個体からマイクロプラスチックがでてくる。そのほとんどが化学繊維だった。

プラスチックは海の表層で有機物粒子の凝集体にとりこまれ、マリンスノーとして深海へ輸送される(第六章参照)。餌がほとんどない深海では、端脚類のような腐肉食動物にとって表層から沈降してくる有機物が貴重な餌となっている。わずかな有機物の塊でも沈降してくれば、彼らはそれに群がるのだ。その時にマイクロプラスチックも一緒に食べている可能性が高い。

ところで深海生物はいつ頃からプラスチックを食べるようになってしまったのだろうか。実は深海生物はここ最近にプラスチックを食べ始めたのではなく、もっと古い時代からプラスチックを食べていたことがわかった。

大西洋の北東に位置するロッコールトラフで四〇年以上も前から継続的に採集されてきたクモヒトデやヒトデの標本を調べた興味深い研究がある。四〇年という全期間を通じてクモヒトデやヒトデの体内にはマイクロプラスチックが含まれており、つまり深海生物へのマイクロプラスチック汚染は一九七六年よりも前から始まっていたのだ。[82]

ところが不思議なことに体内のマイクロプラスチックの量は四〇年間ほぼ一定だった。環境中のマイクロプラスチック数は過去四〇年の間に増え続けているはずだが、体内のマイクロプラスチックの数が一定であったということは、取り込んでも同時に体から排出していたのだろう。マイクロプラスチックが深海生物にどんな影響を与えるのかその実態はほとんどわかっていない。

動物プランクトンもマイクロプラスチックを食べている。北東太平洋に優占する動物プランクトンのカイアシ類とオキアミ類を捕まえて胃の中を調べると、三四匹のカイアシ類につきマイクロプラスチック一粒子、そして一七匹のオキアミ類につきマイクロプラスチック一粒子がでてくる。[83] 予想されていたとは言え、海洋の健康にとっては悪いニュースだ。

カイアシ類は、体長が一〜三ミリメートルほどの小さな甲殻類だが、その生物量は膨大で、地球の生物生産を支える「小さな巨人」とも言われる。[84] オキアミ類もまた、単一種だけで最大の生物量を誇る種類がいる。食物網の底辺を支える非常に重要な動物プランクトンが、もしプラスチックの影響でその数を減らすようなことがあれば、動物プランクトンを食べている魚類や鯨類にも影響を及ぼすことになるだろう。

二枚貝はろ過食性の動物で、海水を吸い込み、海水中の粒子（プランクトンなど）を濾しとって食べている。そのときに海水中の小さなプラスチックも食べてしまう。カナダの研究者がバンクーバー島にあるブリティッシュコロンビアの海岸に二枚貝を撒き、三カ月後に貝を採集して、薬品（硝酸）で肉を溶かして取り除き、残ったものを顕微鏡で観察した。そこには色とりどりのプラスチックがあり、ほとんどが化学繊維だった。[85]

米国の魚市場で購入した貝では、三匹のうち一匹の割合で消化管から人為的な繊維がでてくる。[75] 養殖した二枚貝よりも、野生の二枚貝にはもっと多くのごみが含まれていることもわかってきた。

水生昆虫もマイクロプラスチックを食べている。池や川辺に住む蚊の幼虫、つまりボウフラにマイクロプラスチックを与えると、幼虫は食べたマイクロプラスチックを体内に保持したまま変態して翅をもつ成虫になる。[86] 蚊の幼虫はろ過食性動物のため、小さな粒子はなんでも口に入れてしまう。大量のマイクロプラスチックを体内に残した幼虫は、不幸にもそのまま変態して成虫になってしまう。マイクロプラスチックを体内に保持した成虫がどんな影響を受けているのかはまだ不明だ。

蚊などの翅虫は、鳥やコウモリ、クモなどに食べられる。つまり水中にあったマイクロプラスチックは、翅虫の体に入って空を飛ぶことで、陸上の生物に食べられ、水中から陸上へと移動するのだ。

食べてしまう理由は匂い？

なぜ海洋動物はプラスチックを誤って食べてしまうのだろうか。研究者の間ではいくつか意見があるが、一つはプラスチックの色やかたちが餌のように見えてしまうからだ。それはウミガメがクラゲと似ているビニール袋や風船の破片を食べていることからも容易に想像できる。しかし研究が進むうちに、プラスチックが本物の餌と同じ匂いがするからではないかと考えられるようになってきた。[87]

ミズナギドリ目の海鳥は臭覚が発達しており、プランクトンの居場所を匂いでみつけることができる。その匂いの正体とは、磯の匂いと同じ硫化ジメチル（ＤＭＳ）だ。[88] あの「磯臭い」匂いの正体である。ＤＭＳの元は植物プランクトンがつくるのだが、ＤＭＳができるまでにはいくつかのステップがある。

まず植物プランクトンの体内でＤＭＳの前駆体であるＤＭＳＰ（ジメチルスルフォニオプロピオン酸）が生成される。動物プランクトンが植物プランクトンを食べると、細胞が破砕されて、細胞内のDMSPが海水中に溶出する。溶出したDMSPは海水中のバクテリアに食べられる。このとき、バクテリアの分解酵素の働きで、DMSPがDMSに変換される。[89] 海水中のDMSは大気へ放出されるが、植物プランクトンと動物プランクトンの量がたくさんあれば、大気へ放出されるDMSの量も必然的に多くなる。こうしてDMSは海鳥にプランクトンの居場所を教えている。

ところが漂流するプラスチックごみの表面には藻類やバクテリアが付着しており、このバクテリアもまたDMSPをDMSに変換するのだ。そのためプラスチックが磯の香りで包まれてしまう。こうしてミズナギドリ目の海鳥は、なんの疑いも持たずにプラスチックを摂食しているのではないかと考えられている。[87]

動物プランクトンもマイクロプラスチックを誤食しているが、どうやらマイクロプラスチックに植物プランクトンの香りがついているために間違えて食べているらしい。新品のプラスチックよりも海水にしばらく漬けて「エイジング」したプラスチックのほうが、動物プランクトンに好んで食べられることがわかったのだ。[90] エイジングしたプラスチックには、天然の有機物や微生物が付着し、カイアシ類が自然界で食べている餌と同じようなものでコーティングされている可能性が高い。

こうして藻類やバクテリアの匂いがくっついたプラスチックを本物の餌と間違えて食べてしまうことになる。カタクチイワシも同様にマイクロプラスチックが吸着したプランクトンの「におい」に反応して、プラスチックを餌と間違えて誤食していることがわかってきた。[91] プラスチックに付着する藻類やバクテリアの匂いではなく、不自然な化学物質の匂いを好んでいるという奇妙な研究結果もでてきた。サンゴだ。サンゴには目がないから、餌を目で確認して捕食することはない。

米国の研究チームは、プラスチック数種類をサンゴが食べやすい一口サイズのマイクロプラスチックにして与え、比較のために同じサイズの砂も与えてみた。その結果、サンゴは与えられた全種類のマイクロプラスチックを食べたが、砂にほとんど興味を示さなかった。[92]

次にマイクロプラスチックを海水に一週間つけ込んでエイジングさせ、表面にバクテリアを生やした、より海中の状態に近いマイクロプラスチックを用意した。サンゴを二つのグループに分け、一つのグループにはバクテリアを生やしたプラスチックを、もう一つのグループにはバクテリアが生えていないまっさらなプラスチックを与えた。

その結果、サンゴは両タイプのプラスチックを食べたのだが、三対一の割合でバクテリアが生えていない(より自然ではない)プラスチックを好んで食べていたのだ。これはプラスチックそのものに、サンゴにとって何か美味しいと感じさせる物質が含まれている可能性を示唆している。[92]

プラスチックの毒性

プラスチックが体に良いものではないことは確かだが、実際に食べるとどうなるのだろうか。プラスチックを食べた生物は、物理的または化学的な影響を受ける。物理的な影響は、単純にプラスチックが消化管に詰まってしまう、あるいは消化管を傷つけてしまうことだ。

一方で化学的な影響は、プラスチックにもともと含まれている有害な化学物質（添加剤）とプラスチックが環境中から吸着する有害な化学物質による毒を生物がもらってしまうことだ。

それぞれ見ていこう。

物理的な毒性①―マクロプラスチック

比較的大きなマクロプラスチックを食べるクジラ、ウミガメ、海鳥ではその影響が見た目にわかりやすいため、いち早く問題が認識されてきた。プラスチックごみを食べて胃がいっぱいになれば、自分が満腹であると勘違いして食欲をなくし、餌を探そうとしなくなる。

海鳥では胃袋にプラスチックが溜まっていくと、本物の餌が食べられなくなり、栄養失調や脱水症状を起こす。待っているのは餓死で、残るのは骨と毛とプラスチックだけだ。プラスチックで消化管が閉塞すれば、栄養状態は著しく悪くなり、飢餓状態となる。飲み込んだプラスチックが鋭利な場合には消化管が傷つき、最悪死にいたる。そして子孫を残す機会が奪われる。

海洋ごみの摂食が原因で死んだと推定されるクジラのうち、約六割が漁具の飲み込み、残りの四割が他のプラスチックごみの飲み込みとされる。漁具もプラスチック製なので、結局プラスチックが死因となっている。

ウミガメの場合、たった一つのプラスチック片や薄いフィルム状のプラスチックを飲み込んだだけで消化管が塞がり致命的な事態に陥ることもある。最終的に腸閉塞を起こして死に至る。

大人のカメよりも若いカメの方がよりプラスチックを摂食する機会が多く、死亡する危険性が高い。大人のカメは海草や甲殻類をエサにするが、子どもはそれほど餌の選択性がないからだ。それに子ガメのほうが海面付近で過ごす時間が多いため、必然的に浮遊するプラスチックに遭遇する確率が高い。幼いウミガメの腸は狭く曲がりくねっており、一ミリメートル以下のプラスチック片でも腸内で詰まることがある。[70]

物理的な毒性②―マイクロプラスチック

小さなマイクロプラスチックは粒子毒性として作用する。ここでは動物プランクトン、貝類、サンゴを例に見てみよう。

動物プランクトンがマイクロプラスチックを食べ続けるとどうなるだろうか。慢性的にプラスチックばかりを食べていれば、本来食べるべき栄養のある食物を食べられなくなり、栄養の摂取を著しく下げてしまう。結果的に卵を産んで子孫を残す能力(再生産)も下がる。[93]

全く栄養のないマイクロプラスチックは、動物プランクトンが餌不足に直面したときの戦略までも狂わせてしまう。動物プランクトンは、自分たちの餌が少なくなってくると、自ら代謝を下げて消費するエネルギーを減らそうとする自然のメカニズムがある。しかしマイクロプラスチックを餌だと勘違いした動物プランクトンは、本来食べる餌が少ない状態でも代謝を下げないという[93]。

マイクロプラスチックを食べた貝はどうなるだろうか？　フランスの研究チームは、マイクロプラスチックの摂食による太平洋カキの生殖異常を報告している[94]。カキにマイクロプラスチック（数マイクロメートルのポリスチレン粒子）を二カ月間与え続けたところ、卵子の数と大きさが減少し精子の遊泳速度が落ちていた。

さらにプラスチックを食べた親から産まれた個体の子孫を残す力が大幅に減少した。実験では自然界ではありえないくらい多いプラスチックを与えて結果を見ることが多いが、この研究では自然界で見られるプラスチック濃度よりも少ない量のプラスチックを与えていた。ただしこの影響が物理的な粒子毒性によるものか、それとも後述する化学的な影響によるものかの区別はできていない。

サンゴ礁に住むサンゴは、体内に褐虫藻《かっちゅうそう》という藻類を共生させ、その藻類が光合成して作り出した有機物をもらって生活している。しかしマイクロプラスチックをたくさん取り込んだサンゴは、プラスチックを体外に排出せず、本来取り入れるべき褐虫藻を取り込めなくなっていた。[95]

物理的な毒性③―もっと怖いナノプラスチック?

もう一つ心配なのは「ナノプラスチック」だ。ナノプラスチックとは、大きさが一マイクロメートルよりも小さなプラスチックのこと(一〇〇ナノメートル以下という定義もある)。マイクロプラスチックは、さらに微細化してナノプラスチックになると考えられている。しかしナノプラスチックは小さすぎて現在の技術では海にどのくらいあるのか調べることができていない。

数～数十マイクロメートル程度のマイクロプラスチックなら、海水をフィルターにろ過して、赤外分光顕微鏡やラマン分光顕微鏡を使って調べることができる。しかしナノサイズとなると小さすぎてそれがプラスチックなのか違うのか、分析機器で見極めることは相当に困難なのだ。

なぜナノプラスチックが懸念されているかと言うと、マイクロプラスチックとは異なり、ナノプラスチックは消化器系を抜け出して、循環器系に入り込む可能性があるからだ。

メダカをナノプラスチック(ナノポリスチレン粒子)に暴露した研究では、メダカの腸、精巣、肝臓から約四〇ナノメートルのポリスチレン粒子が検出されている。[96] ナノプラスチック粒子は、メダカの消化管上皮やエラから入りこんで血液にのって運ばれたと考えられている。

さらにナノプラスチックは魚類の血液脳関門を突破し、脳組織に蓄積する。ナノプラスチックに暴露された魚類は、食べるのが遅くなり、周囲を詮索する行動力も落ちていた[96]。ナノプラスチックは植物プランクトンから、動物プランクトン、そして魚類へと食物連鎖を通して栄養段階を昇っていくと考えられており、つまり食物網を通して人間にわたってくる可能性があるのだ。今後もナノプラスチックからは目が離せない。

化学的な毒性①―汚染化学物質の吸着

脂っこい食品を入れていたプラスチックのタッパーを洗うとき、なかなか油が落ちなかった経験はないだろうか。プラスチックの疎水性が高いため、油とくっつきやすいからだ。同じ理屈で、海中のプラスチックは油っぽい汚染物質を引き寄せ吸着する。

海中のプラスチックは、海水や堆積物から残留性有機汚染物質(ＰＯＰｓ　ポップス)を吸着する。ＰＯＰｓとは、自然に分解されにくく、生物濃縮性があり、人や生態系に害を及ぼす汚染物質のことだ。

国際条約で使用が禁止された殺虫剤のＤＤＴ、潤滑油や電気機器の絶縁体などに利用されていたポリ塩化ビフェニル(ＰＣＢｓ)などが代表的なＰＯＰｓで、分解されずに何十年という長い間ずっと環境中に残り続けている。日本中を震わせたカネミ油症事件も原因はＰＣＢだった。

ＰＣＢｓは、一九三〇年代からその危険性が知られる一九七〇年代まで、大量に製造されていた。世界中で生産されたＰＣＢｓはおよそ一三〇万トンと推定されているが、うち約三分の一が沿岸の堆積物と外洋に漏れ出たと考えられている。[97] 一部の途上国では管理が行き届いていない埋め立て地から、いまだに禁止されたＰＣＢｓが漏れ出ている。

プラスチックが海水中のＰＯＰｓを吸着することは実験によってはっきりと確かめられている。この分野の研究で世界をリードする東京農工大学の高田教授らの研究グループは、マイクロプラスチックに吸着されるＰＯＰｓの濃度が周辺海水よりも最大一〇〇万倍も高くなることを示した。[98]

マイクロプラスチックは小さいために比表面積が大きい（体積あたりの表面積が大きい）ので、より多くのＰＯＰｓを吸着できる。汚染物質を吸着したマイクロプラスチックは海流によって運ばれ、汚染物質を海洋の隅々にばらまいている。マイクロプラスチックは汚染物質の運び手になるのだ。

プラスチックに汚染物質が吸着する速さや程度はプラスチックの材質や表面積、化学物質に曝されている時間によって異なる。[71] プラスチックが海中で汚染物質に暴露される時間が長ければ長いほど、多くの化学物質が平衡状態に達するまで吸着されていく。そして吸着した汚染物質を長い間にわたって保持している。

プラスチックの劣化の度合いやプラスチック表面に付着する生物の量もプラスチックが化

学物質を吸着する量を左右する。プラスチックが劣化すれば、砕けて表面積が増えるので汚染物質が吸着する面積も増えるが、生物が付着すると化学物質を吸着する面積は減るからだ。[71]

化学的な毒性②―添加剤

プラスチックは高分子であり、不活性な物質であると考えられている。そのためプラスチックは一般的に生物や人体に無害あるいはほとんど害がないとされてきた。しかしそれは「純粋な」プラスチックに限った話しで、私たちが手にするほとんどすべてのプラスチック製品は純粋なプラスチックではない。

プラスチック製品には、望みの性質をあたえるためにさまざまな化学物質が加えられている。酸素と反応して劣化するのを防ぐための酸化防止剤、火災予防のための難燃剤、軟化させるための可塑剤《かそざい》、紫外線による劣化を防ぐための紫外線吸収剤、色をつけるための着色剤、静電気の発生を抑えるための帯電防止剤、細菌の増殖を抑えるための抗菌剤といったさまざまな化学物質がプラスチックに添加されている。これらは総称して「添加剤」と呼ばれる。

ビニールや一部の合成皮革、壁紙、消しゴム、オモチャのフィギュアなどに使われるポリ塩化ビニル(塩ビ)は、最も添加剤を多く含むプラスチックのひとつで、ポリマーを安定にするために熱安定剤が加えられ、また変形させるために大量の可塑剤を使う。

軟質の塩ビには可塑剤として大量のフタル酸エステル類が使用される。代表的なものはフタル酸ビス（2-エチルヘキシル）（DEHP）やフタル酸ジイソノニル（DINP）だが、これらの可塑剤が塩ビ製品の重量の一〇～五〇％を占めることも珍しくない。[99]

ほとんどの添加剤は分子量が低いため、高分子（ポリマー）であるプラスチックとは化学的に結合していない。そのため添加剤はプラスチックから滲み出てくる。

消しゴムをプラスチックの定規や筆箱と一緒にしておくと、いつの間にかくっついていたなんて経験はないだろうか？　それは塩ビ製の消しゴムから可塑剤（多くはフタル酸エステル類）が浸みだし、隣り合っていたプラスチックを溶かしたからだ。

このように添加剤はプラスチックから出てくる。たとえて言うなら、スパゲッティとトマトソースの関係だ。スパゲッティ（純粋なプラスチック）だけではお客さんに出せないが、トマトソース（添加剤）を加えることで商品になる。両者は絡み合っているが、結合していないため、洗うとソースは流れていく。同じ理屈で、プラスチック製品からも添加剤が出てくる。

プラスチックの添加剤には、その分解産物もあわせて、人や生物に有害な物質が含まれている。その多くは環境ホルモン（内分泌かく乱物質）として作用する。たとえば可塑剤やポリカーボネートの原料となるビスフェノールA（BPA）は、生殖機能を損なわせる内分泌かく乱作用が疑われている。[100]

フタル酸エステル類は女性ホルモンに似た症状を呈する内分泌かく乱物質として知られているし、その他にも乳がんのリスクを高める可能性や、先天性欠損症や生殖障害、多くの代

謝障害を引き起こす可能性が知られている。[101,102]

こういった背景もあり、口に入れてしまう恐れのある乳幼児用のおもちゃにはフタル酸エステル類（DEHPとDINP）を含有する塩ビの使用が禁止されている。[103] EUのローズ指令は二〇一九年の七月から四種類のフタル酸エステル類を使った電気・電子機器の使用・輸入の制限に踏み切った。

電化製品に使われるプラスチックの多くには、簡単に燃えないように難燃剤が使われる。よく使われていた臭素系の難燃剤のうち、ポリ臭化ジフェニルエーテル（PBDEs）は甲状腺ホルモンかく乱作用や神経毒性がある。[104] PBDEsは脂肪組織に溶けて残留する性質があるため、ストックホルム条約によってPOPsに指定されその使用が禁止または制限されている。

さて、このような添加剤を含んだプラスチックが海に入るとどうなるのだろうか？　添加剤が海水に溶出する度合いは、添加剤の分子量や不安定さ、pHや温度などの環境条件、添加剤の疎水性にも左右される。[71] 疎水性が低ければ容易に溶出する。プラスチックが劣化してバラバラに砕けることで、プラスチックの新しい表面が現れるが、その都度、添加剤が外部へ溶出する機会も増える。[105]

また一部のPBDEsのように疎水性が高い添加剤はあまりプラスチックから溶出せず、プラスチックに残留したまま外洋や遠隔地に運ばれていく。そして動物がプラスチックを誤食したときに、体内・組織に乗り移っていくのだ。[105]

化学的な毒性③—残留モノマー

残留モノマーとは、プラスチックの原料となるモノマーを重合させてポリマーにするとき、未反応のまま残っているモノマーのことだ。ポリスチレンは重量ベースで〇・一～〇・六％程度のスチレンモノマー（あるいはオリゴマー）を含んでいることがある。オリゴマーとはモノマーが数個くっついたかたまりだ。

スチレンモノマーやポリ塩化ビニルを製造する際に使われる塩化ビニルのモノマーには発がん性や突然変異誘発性の危険性が指摘されている。海洋環境中のポリスチレンは物理的な分解によってスチレンモノマーを放出する。スチレンのモノマーやその重合体であるダイマー（二量体）やトリマー（三量体）が実際に砂浜や海水中から検出されている。[106]

誤食による化学物質の取込

野生動物はプラスチックに由来する化学物質に曝されるリスクを負う。地中海のイワシクジラはプラスチックに由来する化学物質に汚染されている。イワシクジラは、食事を通じて大量のマイクロプラスチックを海中から取り込んでいる。糞をすることでマイクロプラスチックは体外に出ていくが、プラスチックにくっついていた化学物質はクジラに残ったままだ。

地中海のイワシクジラの脂肪中には、プラスチックを柔らかくするために使われるフタル酸系の可塑剤の代謝産物が検出されているし、他にもプラスチックが吸着した可能性のあるDDT、PCBs、ヘキサクロロベンゼン(HCB)といったPOPsが検出されている。[80] それらの濃度は汚染が少ないカリフォルニア湾にいるイワシクジラに比べて高い。

イワシクジラは、その広範囲な生息地にもかかわらず、世界中で絶滅危惧種にリストされ、地中海でも危急種に指定されている。このままでは、プラスチック汚染によってその生存がさらに脅かされることになると指摘する研究者もいる。

長距離を移動する渡り鳥として有名なハシボソミズナギドリの肝臓と脂肪組織からプラスチックの難燃剤として使われるPBDEsが検出されている。ハシボソミズナギドリは胃中に油のような液体を持っており、プラスチックの添加剤を溶かし出すのだ。[107] さらに北極圏に生息するフルマカモメとミツユビカモメの卵からはプラスチックの紫外線吸収剤も検出されている。[108]

フルマカモメの寿命は四〇年以上あるが、プラスチックの脅威に晒されはじめたのは現在から遡ってたった二～三世代のことだ。急速に海洋汚染が進んだことで、鳥たちは環境の変化に適応できないでいる可能性はきわめて高い。

深海生物の体内からもPOPsが検出されている。PCBsと、プラスチックの難燃剤として使われるPBDEsだ。二〇〇六年には深海に生息するアイザメの肝油から比較的濃度の高いＰＣＢｓやＰＢＤＥｓが報告されている。[109]

地球で最も深いチャレンジャー海淵を含むマリアナ海溝とケルマデック海溝で採集された端脚類からも高濃度のＰＣＢｓとＰＢＤＥｓが検出された。[110] 採集したすべての端脚類からこれらの汚染物質が検出されたのだ。ＰＣＢｓにいたっては中国で最もひどく汚染された川に生息するカニよりも五〇倍も高い濃度だった。

化学物質で汚染されたプラスチックを食べた動物は一体どうなるのだろうか。上記で説明したとおり、汚染物質は体内に移行していく。疎水性の高い汚染物質を吸着したマイクロプラスチックを食べると、汚染物質は主に脂肪組織に蓄積し、食物網に取り込まれ、生物濃縮すると考えられている。そのためマイクロプラスチックを危険廃棄物に認定するべきだと主張する研究者もいる。

問題は、取り込んでしまった汚染物質がどのくらい悪影響を及ぼすかだ。それを明らかにするためにいま急速に研究が進められている。プラスチックが吸着する汚染物質が生物に負の影響をもたらすことは室内実験でわかっている。しかし実際の海の中ではありえない濃度の化学物質を実験生物に暴露させている研究も散見される。ありがちな例は、比較的汚染されていないキレイな実験動物に、自然環境ではありえないほど高濃度の汚染物質を投与することだ。

もちろん現場の濃度を配慮した研究もある。実験用の魚に汚染された食べ物だけを与える、汚染された食べ物とキレイなプラスチックを与える、汚染された食べ物と環境中で汚染物質を吸着させたプラスチックを与えるというように条件を変えて比較した実験では、やはりプラスチックから汚染物質が魚に移行していることが示されている。[111] この実験ではプラスチック入りの餌を食べた魚の方が肝臓にストレスの兆候が見え、さらに汚染されたプラスチック入りの餌を食べた魚では肝臓へのストレスがより増大していた。

汚染物質が貝の行動に影響をもたらすという報告もある。カニに捕食されるタマキビ貝は、カニが近づいてくると殻の中に引っ込んだり、岩の下に隠れたりといった危険回避行動をとる。ところが実験的に海中の有機汚染物質を吸着させたプラスチックをタマキビ貝の飼育水に入れておくと、貝は回避行動をとりにくくなることがフランスの研究でわかった。[112] この実験ではプラスチックが吸着した化学物質の種類を特定できていないが、化学物質が貝の感覚を狂わせる可能性が指摘されている。

海中のプラスチックは確実に増えているので、やがてこういったことが自然界でも起きるようになれば、タマキビ貝は天敵から逃げられず、個体数が減少してしまうだろう。

このようにマイクロプラスチックが汚染物質の運び屋となり、生物に影響を与える可能性が指摘されているが、一つ注意しないといけないことがある。ＰＣＢｓなどの環境中から吸着する汚染物質は海水中や堆積物中にもすでに存在しており、プラスチックを経由せずともさまざまな生物によって取り込まれ濃縮されているということだ。

どういうことかと言うと、天然に存在する溶存有機炭素や黒色炭素、あるいは生物由来の粒子なども また海中のPCBsといったPOPsを吸着してしまうのだ。これらも(マイクロプラスチックと同じように)汚染物質の運び屋となる。

だから単純に動物が有害物質を吸着したマイクロプラスチックを食べたからと言って、それで初めて動物が毒に曝されるということにはならない。それに海中でマイクロプラスチックが吸着する汚染物質の割合は、他の物質(溶存有機炭素や黒色炭素など)に比べて小さく、海洋動物がマイクロプラスチックを摂食しても問題ないという見解もある。[113] しかしながら人間活動が及んでいない遠く離れた離島ではプラスチックがほぼ唯一の汚染物質の運び屋になっている可能性が高い。[28]

さらに海で回収されるマイクロプラスチックはさまざまなプラスチック製品の破片の寄せ集めだから、そこには海水や堆積物から吸着した汚染化学物質だけでなく、もともとプラスチックに加えられた多種多様な添加剤も含まれている。それ故マイクロプラスチックは化学物質のカクテルと呼ばれている。

汚染物質の体内への移行は、取り込んだ汚染物質の濃度に左右されるし、プラスチックがお腹の中に残り続ける時間にも左右される。さらに毒性をもたらすかどうかは、取り込んだ汚染物質の濃度や、蓄積度合い、生物の体重にも左右される。[71]

これらが複合的に絡み合って生物に影響を与えるが、複合要因が多すぎて実験室の結果では現場を想定することがかなり難しい。だからプラスチック由来の化学物質が生物に与える影響は「はい、こういうものです」と一言でまとめることはできない。今後さらに研究が進みプラスチックがもたらす化学的な影響がはっきりとしてくるだろう。

二〇六〇年に現実問題となるか？

このように化学物質については複合要因が多すぎてまだわからないことだらけだが、単純にマイクロプラスチックの量ではどうだろう。プラスチックにくっつく化学物質の影響ではなくて、粒子そのものの影響、つまり粒子毒性のことだ。

今現在のところ、海水中から検出されるマイクロプラスチックの濃度が海洋生物を殺すほどに危険なレベルに達してはいないということはわかっている。しかし慢性的にマイクロプラスチックに曝され続けると、それは海洋生物の摂餌能力や成長、生殖機能に影響を及ぼす。このまま海に捨てられるプラスチックの量が増え続ければ（実際、爆発的に増えている！）、マイクロプラスチックの濃度そのものが海洋生物の個体群や栄養構造、ひいては生態系全体に大きな影響を及ぼす可能性があるのだ。

では今現在はまだよくても、将来的に増えたマイクロプラスチック濃度が問題になるなら、それはいつ頃なのだろうか？ 実は研究者は将来の海に浮遊するマイクロプラスチックの濃度がわからないために、かなり当てずっぽうに高濃度のマイクロプラスチックを実験動物に与えて研究していた。中には濃度が一立方メートルあたり一万〜一〇〇万ミリグラムの超高濃度で実験している研究もあった。

地球温暖化の予測と違ってマイクロプラスチック濃度の将来予測は難しい。地球温暖化の場合、大気中の二酸化炭素の濃度を推定すれば、一〇〇年後の気温が今よりどれくらい上昇しているのかシミュレーションできる。しかしマイクロプラスチックの場合、複雑な海流と消失過程のために海の表層に存在する量を予測することは困難だった。

最近、九州大学・磯辺教授らの研究チームのモデルによって、少なくとも今世紀中には海表面のマイクロプラスチック濃度は一立方メートルあたり一万ミリグラムには達しないことがわかった。[52] そのかわり現状維持でプラスチックを排出し続ける「なりゆきシナリオ」では、海に浮かぶマイクロプラスチック濃度が二〇三〇年に今の二倍、二〇六〇年には四倍になることが太平洋のごみ収束帯で起こりえることもわかった。

マイクロプラスチックは広い海の表層に均一に散らばっているわけではない。むしろ海流が収束する場所に溜まりパッチ状に分布している。またマイクロプラスチックの分布は海流の経年変動や季節の影響によっても変わる。たとえば、海表面のマイクロプラスチック濃度は、夏に風の影響をうけて日本近海で高くなり、冬は混合層が深くまで潜るので濃度は薄くなる。磯辺教授のモデルによれば、二〇六〇年、夏の日本近海と北太平洋中心部のマイクロプラスチック濃度は一立方メートルあたりおよそ一〇〇〇ミリグラムのオーダーになると予測されている。

問題はこの濃度が生物にとって害のある濃度なのか否かだ。マイクロプラスチックが生物に与える影響を報告している過去の研究を精査していくと、マイクロプラスチック濃度がだいたい一立方メートルあたり一〇〇〇〜一万ミリグラムあたりから甲殻類や魚類などに毒性をもたらすことがわかった。つまり二〇六〇年のマイクロプラスチック濃度は生物に害を及ぼすレベルになるわけだ[52]。

ただし注意しないといけないことがある。モデルで示されたマイクロプラスチックは大きさが数百マイクロメートルから数ミリメートルなのに対して、多くの生物影響評価はそれよりも小さな数マイクロメートルからナノメートルのプラスチック粒子を使って実験しているので単純に比較はできない。

それでも数百マイクロメートルから数ミリメートルのマイクロプラスチックも微細化して、数マイクロメートルからナノスケールにまで細かくなることは実験で示されている[114]。だから温室効果ガスの排出と同じく、このままの「なりゆきシナリオ」では将来的に海面を浮遊するマイクロプラスチックが生物に害を及ぼす可能性はあるのだ。

絡まりの被害

プラスチックごみがもたらす脅威のうち「絡まり」は見た目にわかりやすく、古くからそ

図 11　遺棄された漁具
捨てられたプラスチック製の漁網はさまざまな海洋生物にからまるゴーストネットになる. © JAMSTEC

の脅威について警鐘が鳴らされてきた。クジラやイルカ、アザラシ、ジュゴンなどの海棲哺乳類、海鳥、ウミガメ、サメやさまざまな魚類、無脊椎動物などを含めてプラスチックごみに絡まってしまった海洋生物の種類は三四四種類を超える。[65]

　ではどんなプラスチックごみに絡まってしまうのだろうか。趣味の釣り人が捨てた釣り糸やビール缶などの缶を六本束ねる「六パックリング」などがあるが、もっと甚大な絡まり被害をもたらすのが「捨てられた漁具」だ(図11)。漁師が海に捨てた漁網や延縄《はえなわ》、さらにカゴや刺し網などが含まれる。海洋生物が漁具に絡まる被害は一九六〇年代から知られており、漁具の材質が麻などの天然繊維からプラスチック素材に代わったときと一致している。

　漁師が漁具を海に捨てる理由は第四章で述べたが、海に遺棄された漁具はゴーストネットと呼ばれ、文字通り、幽霊(ゴースト)のように海中を漂い、誰も操作していないのに魚を含む海洋動物を絡め取って殺していく。このゴーストネットによる無差別な殺戮を「ゴーストフィッシング」と呼ぶ。

プラスチック製の漁具は頑丈で耐久性が高いため、絡まってしまった動物の脱出を困難にする。絡まると動けなくなり、もがき苦しみ疲れ果て、食べるものも捕まえられず、餓死または溺れ死んでいく。

絡まって抜け出すことができなければ、サメなどの捕食者にいとも簡単に襲われ餌食となる。仮に絡まったまま泳ぐことができても、たいてい動きが制限され、餌も十分にとれず、長生きすることはできない。中には深い傷を負い、皮膚が化膿した生物もいる。

サンゴ礁では、捨てられた釣り糸がサンゴの被度《ひど》(海底面のうちサンゴが覆う面積の割合)を減少させる要因の一つになっている。ハワイ・オアフ島のあるサンゴ礁では、サンゴ群体の六割以上が釣り糸に絡まり、そのうち八割の群体が部分的又は完全に死亡していた[115]。

捨てられた漁具に絡まったまま生活する海洋動物はいたるところで目撃されている。現存するすべての海鳥種のうち二五%(四〇六種のうち一〇三種)が漁具を含むプラスチックごみに絡まっているし、クジラの全種類のうちすでに三割を超える種類が漁具に絡まった。ウミガメではすでに全種類(七種のうち七種)で絡まりが知られ、多くのウミガメが漁具やロープに絡まり死亡している[65]。

史上最悪のゴーストネットが漂う北オーストラリアの海岸では、絡まるウミガメの数は一年間に最大一万四六〇〇頭にのぼると推定されている[43]。しかしながら実際にどのくらい多くの海洋生物が絡まり被害にあっているか、その数を正確に知ることは容易ではない。なぜなら多くの「絡まり」事件は、人間の目の届かない場所で起きているからだ。

覆い被さり

プラスチックごみは海底の生物に直接覆い被さり、窒息させ、サンゴや海草など壊れやすい海底の植生に深刻なダメージを与えている。大量のポリ袋が海底を覆うことで、間隙水《かんげきすい》(堆積物中の水のこと)の交換が悪くなり、堆積物中の酸素濃度が減少する。

堆積物中の酸素濃度の低下は、そこに生息する生物に致命的な影響を与えてしまう。実験的にポリ袋を干潟に九週間敷き詰めると堆積物中の酸素濃度は低下し、一次生産は著しく下がって、堆積物中の無脊椎動物の数も大幅に減少していた[116]。

ごみに覆われたサンゴは、物理的なダメージを受けるだけでなく、光を遮られて光合成ができなくなる。ポリ袋などのごみが覆い被さると水の交換も悪くなり、口元にとどく餌プランクトンの量も減少してしまうのだ[117]。

砂浜に散乱するプラスチックごみはウミガメの産卵の邪魔になる。ごみが大量に散らばっている砂浜に上陸したウミガメは適切な産卵場所にたどり着けず穴を掘ることができない。さらに浜辺に散乱したごみは産んだ卵にまで影響する。

卵からふ化した稚カメが雄になるか雌になるかは周囲の温度で決まる。しかしプラスチックが砂浜を覆い尽くす状態となると、砂中の温度が上がりにくくなるため、ごみの蔓延がウミガメの雌雄の比率に影響を及ぼすのではと心配する研究者もいる。[118]

このようにプラスチックごみの「覆い被さり」によって、生態系の機能は長い間影響を受け、脆弱な生息域における生物多様性の減少が懸念されている。

ヒッチハイキングする外来種

漂流するプラスチックが引き起こす心配事の一つに外来種の問題がある。プラスチックは丈夫で、腐ることもない。軽いプラスチックは長い時間海面を浮き続けることができる。そのため多種多様な生物がプラスチックにくっついて漂流し、新しい生息地にたどり着いている。外来種がプラスチックに「ヒッチハイキング」してやってくるのだ。

二〇一一年の東日本大震災の津波によってさまざまな海洋ごみが流出したが、その一部は漂流して北米西海岸やハワイに漂着した。日本からやってきたプラスチックごみからは二八九種の海洋生物が確認され、中には北米で記録のない生物まで含まれていた。[119]

別の調査では、オレゴン州やワシントン州に漂着した海洋ごみ（ボートなどの大型の海洋ごみ）から一四種類のヒドロ虫が観察され、そのうち少なくとも五種類は北米で記録のない種類だった。

このように漂流するプラスチックは筏《いかだ》となって、沿岸生物をある国から別の国へとまき散らす要因になっている。海洋ごみの増大によって外来者が侵入するリスクを増やし、それらが帰化して、生態系や人間活動に影響を及ぼすことが危惧されている。

ヒッチハイキングしてくるのは目に見える動物だけではない。病原菌も含まれる。ヨーロッパの沿岸で行われた研究では、マイクロプラスチックから一五〇の異なる菌種が見つかり、そこには大腸菌やシュードモナス・アンギリセプチカなどの病原菌も含まれていた[120]。

シンガポールの沿岸で採集したマイクロプラスチックからは人の感染症の原因となる海洋性ビブリオ、胃腸炎を引き起こすアルコバクターの他、ポリ塩化ビニルからはサンゴの白化や病気を引き起こす細菌も見つかっている[121]。実際に東南アジアで行われた調査では、プラスチックごみがサンゴに接触するとサンゴが病気にかかりやすくなることがわかっている[122]。

今後ますます増大するマイクロプラスチックが病原菌の運び手となり、海水浴を楽しむ人が病原菌に接触する機会を増やしたり、サンゴ礁にダメージを与えたりするのではないかと指摘する研究者もいる。

プラスチック生命圏

あまりにもプラスチックごみが多いために、今度はそれを住みかとして新たなエコシステム(生態系)が形成されている。

北太平洋では、浮遊するプラスチックごみがたくさん見つかるようになってから、ウミアメンボの数が増えるという奇妙な現象が起きている。その理由は、漂流するマイクロプラスチックが増えてアメンボの産卵場所が増えたからではないかと考えられている。[123]

大量のプラスチックごみが北太平洋にやってくる以前は、ウミアメンボが卵を産み付けられる漂流物は、木くずなど天然の小さな漂流物に限られていた。ところがいまやウミアメンボは、漂流する小さなマイクロプラスチックに卵を産み付けて子孫の数を増やしているのだ。

ウミアメンボだけではない。海がプラスチックごみであふれる以前、漂流物に付着あるいは頼って生活する生物の数も限られていたはずだ。しかし漂流するプラスチックごみは、まさに「島」となり、数多くの生物に住処を提供している。このようなプラスチックにまつわる独自の生態系を「プラスチック生命圏(plastisphere)」と呼ぶ。

人と社会への影響

人体への影響?

もしあなたが魚介類(シーフード)あるいは海塩を食べているのなら、いくらかのプラスチックを摂取している可能性は大いにある。世界中の魚介類や海塩からマイクロプラスチックが見つかっているからだ。

英国ではスーパーマーケットで購入したすべての二枚貝の体内からマイクロプラスチックや他のごみが見つかっている。いまやシーフードがプラスチックで汚染されているのは当たり前になっている。

ムール貝(ヨーロッパイガイ)をよく食べるベルギーでは一人あたり年間に平均一一二二匹の貝を食べるとして、一つの貝に平均九〇個のマイクロプラスチックが見つかっているので、ざっと一人あたり年間に一万一〇〇〇個のマイクロプラスチックを食べている。[124]

プラスチックが混入した魚介類は体に悪いのだろうか? 実はまだよくわかっていない。私たちがどのくらいプラスチックごみを食べてしまっているのか、あるいは今後食べてしまうのかがよくわからないからだ。

マイクロプラスチックは魚介類の内臓に入っているから、内臓を食べなければ問題ないと思うかもしれない。だが多くの研究者が指摘する問題は、プラスチックの製造時に添加された化学物質(添加剤)や海中で吸着した汚染物質だ。それらが魚介類の脂肪等の中に溶け込んでいる可能性がある。

でも有害な化学物質がどのくらい体内で濃縮するのか、何種類の化学物質が食物連鎖を通して移行してくるのか、仮に移行してきても、その濃度は健康に影響をあたえるほどなのか、まだはっきりとした答えは出ていない。

マイクロプラスチックが人間に及ぼす影響を調べるのは容易なことではない。仮に魚介類を食べるのをやめても、プラスチックが人の体に入ることを防ぐことは難しいだろう。なぜなら、マイクロプラスチックは私たちが飲む水にも、空気中にも(化学繊維がチリとなって舞っている)、他の食べ物にも混じっているからだ。

それに人への影響を厳密に評価するにはプラスチックに暴露されていない人間と比較する必要があるが、それが難しいのだ。プラスチックに触れていない人間なんてどこにもいない。プラスチックが体に良い物ではないことは確かだが、シーフードを食べることで摂取する程度のプラスチックに含まれる化学物質が、ただちに人体に影響を及ぼすことはないとされている。[125]

だが一つ忘れてはいけないことがある。これから数十年の間にも海中のプラスチック量は増大することが確実で、それに伴いマイクロプラスチック量も増大することだ。将来的にシーフードから摂取してしまうプラスチック由来の化学物質の量が、健康に害を及ぼすレベルにまで増えてしまう「可能性」を潜在的に秘めている。

それに人間はシーフード以外からもプラスチックの化学物質にたくさん触れている。まわりを見わたせばプラスチック製品ばかりであることを思えば納得できるだろう。そしてプラスチックの製造に使われる化学物質は確実に人体に残っている。

たとえば米国民健康栄養調査は、一般市民の体内からBPA、フタル酸エステル、スチレン、アクリルアミド、トリクロサン、臭素系難燃剤などのいずれもプラスチックの製造に使われる化学物質が検出されることを報告している。

プラスチックの包装から化学物質が食品へ乗り移ることが、人がプラスチックから影響を受ける主要なルートと考えられている。しかし飲食品から摂取される量を超えている化学物質もあり、その他の暴露も疑われているところだ。海産物も含めて、直接的または間接的にプラスチックやプラスチック由来の化学物質がどのくらい健康に影響があるのか（あるいはないのか）今後さらなる調査が必要だ。

経済への影響

プラスチックごみは海洋に依存する経済活動にも影響を及ぼす。つまり海運業、漁業、養殖業、観光業、そして余暇（レジャー）に悪い影響をもたらす。もし観光地に大量にプラスチックごみが散乱していたらどうだろう。プラスチックごみでいっぱいのビーチや海岸になど二度と来たくないと思うにちがいない。

観光客の減少は、収益の減少と雇用の減少をもたらす。韓国で二番目に大きな巨済島《コジェ》では海洋ごみが五〇〇万人の観光客に影響を与え、それによる経済損失は二八〇〇万〜三五〇〇万ドルと推定された[126]。これはほんの一例で、世界中の多くの観光地で同様のことが起きている。国連環境計画（UNEP）によれば、海洋プラスチック汚染がもたらす経済損失は、漁業と観光業の収入の落ち込みと海岸の清掃コストを含めて毎年一三〇億ドル（約一兆五〇〇〇億円）にのぼる[127]。

沿岸の清掃は、ボランティアや大金の投入なしには、きわめて時間がかかる作業だ。ヨーロッパは沿岸とビーチのプラスチックごみを掃除するために毎年六億三〇〇〇万ユーロ(約七六〇億円)を使っている。[128]

海運業では、プラスチックごみが船のプロペラ(推進器)に絡まり、冷却装置に入りこみ、壊したり効率を悪くしたりして船に損失を与える。壊れれば修理が必要になるし、事故によって救助活動、人命の損失、ケガといった余計な出費が出てしまう。

船の運用の効率が落とされれば、生産性が落ちて損失が生じ収益は落ちる。APEC(アジア太平洋経済協力会議)によれば、海洋ごみが海運業に与える損失は年間に二億七九〇〇万ドル(約三百億円)にのぼる。[129]

漁業でもプラスチックごみが船のプロペラに絡まる事故や、漁具への損傷という問題が起きているし、プラスチックによって生態系が脅かされ海洋生物が死亡し漁獲量が減るという影響が考えられる。漁業に与える損失を推定するのは難しいが、EUの漁業団は年間に約六二〇〇万ユーロ(約八〇億円)の経済損失を試算している。[130]

今後の経済コストを長期的にみると事態はもっと深刻だ。なぜならプラスチックは海洋に蓄積を続けており、いずれ海洋生物に深刻な害をもたらすレベルに達する可能性が高いからだ。プラスチックに汚染された魚介類を消費者が敬遠することによる経済損失も考えられる。まだ不明な点も多いし、さらなる調査が必要なことはもちろんだが、これ以上プラスチックが海に増えても誰もハッピーなことはない。

8　海にプラスチックを漏れ出させない方法

プラスチックを海から除去できるか？

一度海に入ってしまったプラスチックごみを回収することはできるのだろうか。結論から言えば、すべてのプラスチックごみを海から除去することはもう不可能だ。大部分のプラスチックは深海に沈んでしまったと考えられているし、広い海をくまなく探索することなどできない。それにごみの回収には莫大なコストがかかる。

二〇〇九年と二〇一〇年に韓国政府は、底引き網を使って日本海の海底から約四六〇トンの瓦礫（大半が漁具）を回収した。[131] このときにかかった費用は二三〇万ドル（約二億六千万円）。また海底ごみの回収作業は危険を伴う。漁業活動に配慮するため、漁業を行わない嵐や台風の多い季節に行われたこのプロジェクトでは、船一隻と五人の乗組員の命が奪われている。

大金と時間と労力と多大なリスクを投入すれば、沿岸付近の海底に沈む大きなごみならある程度は回収できるかもしれない。しかしいくらお金をかけても小さく微細化したマイクロプラスチックやナノプラスチックの回収などできない。海底に沈んでしまえばなおさらだ。

オランダのベンチャー企業(Ocean Cleanup)は岸から何千キロも離れた北太平洋ジャイアのごみ収束域に浮遊式のプラスチックごみ回収装置を設置して話題になった。広い海に長い浮きロープを張って表面に浮かぶプラスチックを回収する仕組みだ。同企業は一つのジャイアに浮かぶプラスチックごみの四二%に相当するおよそ七万トンのプラスチックを約十年で回収できるとしており、その費用は三億一七〇〇万ユーロ(約四百億円)と見積もっている。[132]

しかしプラスチックごみが広い海に入ってしまってからではすでに遅い。海に入ったプラスチックごみが全部ジャイアの中心に流れ着くわけではない(第五章)。むしろ広い外洋に浮遊するプラスチックごみは、これまで海に入りこんだプラスチックごみのたかだか一%以下でしかないのだ(第六章)。

広い外洋に浮かぶプラスチックごみを回収する試みは、いわば、ただ症状を(ごくわずかに)緩和するだけでガンそのものを治すわけではない。太平洋に浮かぶプラスチックごみを回収する装置に大金を出して設置するよりも、河口付近にごみをトラップする装置を設置することや、ビーチの清掃をする方が費用対効果に優れていると言える。

排出源をコントロールする

これ以上状況を悪化させないために、プラスチックが海に流入しないように対策を立てるしかない。一九七〇年代に大気汚染が世界的に問題となったとき、ある人は街のビルのうえに巨大な掃除機を取り付けて汚染された空気を吸い込めば良いと言っていた。いやいや、そうじゃなくてまずは汚染された空気の排出源をコントロールするべきでしょと言う人もいた。結局その後にできた法律で、車や工場から排出される汚染物質がコントロールされるようになり、それは成功している。海のプラスチックごみは、いま急速に微細化してマイクロプラスチックやナノプラスチックとなり、大気汚染と同じように海にまん延している。海を掃除することは根本的な解決にはならない。

浜辺・ビーチの清掃は、海洋にプラスチックごみが流出することを防ぐための最低限の効果しか生み出していないことを知っておく必要がある。世界中で七九万人のボランティアが参加した二〇一七年の国際沿岸クリーンアップでは九二八六トンのごみが回収されたが、これは一年間に海に流入するプラスチックごみのわずか〇・一%にすぎない[37]。

ビーチや海岸の清掃は重要だし必要なことだが、人が回収できるごみの量よりも、もっとたくさんのプラスチックごみが海に流入を続けている。ごみの発生源をコントロールしなければ、ビーチの清掃をしてもいつまでもごみはなくならない。

では具体的にはどうしたらいいのだろうか？　この問題は一つの解決策でなんとかなるというレベルの問題ではない。国連環境計画に言わせれば、この問題を解決するためには、(一)廃棄物の管理を徹底すること、そして、(二)プラスチックごみの排出を最小限にすることだ[14]。

廃棄物の管理を徹底する

海にプラスチックごみがあふれている原因の一つは、ごみが環境に漏れ出すことを阻止するための包括的な戦略が欠如していることだ(第四章)。誰しもが道ばたにプラスチックごみが落ちているのを見たことがあるだろう。これらは拾われずにいれば、最終的に海などの環境中へと流れる。

廃棄物の処理を徹底して、ごみが環境に漏れ出ないように厳密に管理しなければならない。特に海洋プラスチックの約半分を排出するアジアの途上国と新興国からごみが漏れ出さないように力を注いでいくことだ。

プラスチックがごみ箱から溢れることなく、ごみ収集の際に落下することなく、きちんと余さずに回収する。そしてすべて完全に処理されることだ。埋め立て地や処理場においても嵐や雨風に飛ばされることがないようにきちんと管理されることである。

さらにポイ捨てに対する取り締まりの強化も必要だ。国際的な条約には船舶からのごみの投棄を禁止するマルポール条約、陸上で発生した廃棄物を海洋に投棄することを禁止するロンドン条約やロンドン議定書がある。これらは海への意図的なごみの投棄を阻止するものだが、条約の力はまだ弱い。これらを強化することも重要になる。

だがどんなに廃棄物管理の高度化をすすめようとしても、コントロールできないほどに超大量のプラスチックが毎年作られては廃棄されている(第二章)。そもそも使っている量が多すぎるのだ。

急増するプラスチックごみが環境中に漏れ出すのを止めるためには、廃棄物管理の高度化を進めるのと同時に、プラスチックの大量生産と大量消費の癖を変えないといけない。

廃棄物管理の高度化といっても、単にごみ箱を増やして焼却施設を増やせばいいということではない。地球温暖化を防止するためのパリ協定は、二一世紀の下半期(つまり二〇五〇～二一〇〇年)に温室効果ガスの放出をゼロにする目標をたてている。ということは石油から作られるプラスチックは二〇五〇年以降は燃やすのが難しくなるのだ。

プラスチックのリサイクルも問題だらけで(詳しくは第二章)、リサイクルセンターを増やせばすぐ解決するような問題でもない。

蛇口を閉める――プラスチックごみの発生を最小限にする

プラスチックごみの排出を最小限にする手っ取り早い方法は、プラスチックへの依存度(消費量)を一気に下げて、プラスチック生産量そのものを減らすことだ。プラスチックごみの発生を最小限にするには、削減(Reduce)、再使用(Reuse)、リサイクル(Recycle)の三Rを推進することが基本だが、リサイクルの優先順位は一番低く、まず取り掛かるべきは削減

（Reduce）となる。

プラスチックの生産・製造・販売で利益を上げている企業は当然反発して、プラスチック消費量の削減による解決策を否定するだろう。そして廃棄物の管理に解決を求める。もっと埋め立て地を増やす、焼却施設を増やす、リサイクルセンターを増やす、ごみ箱を増やすなどだ。こうしたごみ処理の施策を税金を使って行うことを求める。

それらの企業は、プラスチック製品が徐々になくなることやプラスチック製品に追加料金を課すといったことには基本的に反対だ。だが彼らも変わらなければならないときが来ている。プラスチックの製造販売を手がける業界は、時代を先読みして石油系プラスチックから脱却し、海で分解できるバイオマスプラスチックの研究や代替案を示していくべきだ。

使い捨てプラスチックをなくす？

全世界で年間に四億トンのプラスチックが生産されていることはすでに述べたが（第二章）、このうち四割近くは、包装容器プラスチックのために生み出されている。[16] 不適切な廃棄物の処理プロセスから漏れ出すプラスチックの大半は、一度使っただけで捨てられる容器・包装プラスチック、つまり「使い捨てプラスチック」だ。英語でSingle-use plasticという。文字通り、私たちのまわりには、一度しか使わないプラスチックがあふれている。

ペットボトルは世界中で一年間に四八〇〇億本が消費されている。レジ袋の世界消費は年間に一～五兆枚と言われ、これは一分間に二〇〇万～一〇〇〇万枚に相当する。[16]「より軽いものをより便利に」といった社会のニーズを受けて、使い捨てプラスチック製品はじゃんじゃん作られている。しかしそれがごみになった時のことまでは考えられていない。

海で見つかるプラスチックごみで最も多いのも使い捨てプラスチックだ。JAMSTECが深海底の調査を実施したときに見つかる海洋ごみの大部分もやはり使い捨てプラスチックだった。[55]使い捨てプラスチックは、沿岸で見つかる海洋ごみ全体の約八割を占めており、[44]「使い捨てプラスチック」が海洋ごみの最大の発生源になっている(詳しくは第四章)。

英国のシンクタンクによれば、海のプラスチックごみのうち三割近くを飲料ごみが占めており、飲料関係のごみをゼロにするだけで海洋プラスチックごみの約三分の一を減らせると言われている。[133]だから海洋のプラスチック問題を軽減するには、たった一度だけ使ったら速攻でごみ箱に捨てられる「使い捨てプラスチック」を可能なかぎり社会からなくすことだ。

医療系など、使い捨てプラスチックでないと無理な分野は、石油系ではなく植物から作る環境にやさしいバイオマスプラスチックを利用する(バイオマスプラスチックについては後述する)。医療系のごみは使い捨てにして焼却しないと病原菌の汚染によって(コンタミという)大きな問題につながりかねない。だから燃やしても温暖化を促進しないバイオマスプラスチックに切り替えていくことだ。植物から作るプラスチックなら、それを燃やして(あるいは堆肥化して)二酸化炭素がでても、大気中の二酸化炭素は実質的に増えない。これをカーボンニュートラルという。

食品や飲料で汚れる容器・包装にプラスチックが必要なら、裏庭や海洋で生分解可能なバイオマスプラスチックを利用し、堆肥化によってゆっくり分解するのも手だろう。紙や木といったその他のバイオマス資源の活用も推奨される。

石油系の使い捨てプラスチックを抹消し、バイオマス系素材の利用を普及させ、それが環境に漏れないように徹底的に回収・管理して、余さず堆肥化または焼却することだ。だがバイオマスプラスチックも含めてバイオマス系は石油製品のように大量には作れない。だから「使い捨て」に依存することから抜け出すことがまず先になる。

使い捨てを廃止・禁止する世界のトレンド

使い捨てプラスチックを含む海洋ごみの主な発生源を排除する取り組みが、今、各国で進んでいる。欧米では使い捨てプラスチックの廃止に向けて急速に政策が作られ前に進んでいる。二〇一八年にEU議会で使い捨てプラスチック禁止法案が可決された。米国・シアトルでは二〇一八年七月以降、レストランやカフェ等で使い捨てプラスチックが原則禁止。ニューヨークもレジ袋を二〇二〇年から廃止。米国全体でもマイクロビーズの入ったケア商品の製造・販売をやめた。

カナダも二〇二一年までに一部の使い捨てプラスチックを禁止にする。台湾もアジアに先駆けて使い捨てストローやマイクロビーズ入りのケア商品の禁止に踏み切っている。

これらはほんの一例にすぎない。海外の多くの国がいま使い捨てプラスチックに課金する・廃止するなど「脱使い捨てプラスチック」に向けてめざましく進んでいる。日本は二〇二〇年からいよいよレジ袋が有料になる。

リデザイン（Redesign）——製品・サービス・ビジネスモデルの改革

プラスチックごみを減らすためには、三R（削減、再使用、リサイクル）を推進し、その中でも削減が最優先事項であることは先に述べたとおりだ。プラスチックが廃棄物になるのを阻止する（あるいは遅らせる）ためには、次に製品の「再使用」率と「リサイクル」率を上げる必要がある。

しかし多くのプラスチック製品は、そのほとんどが再使用やリサイクルを視野に入れず、「捨てるように」作られている。そのため製品やサービスのデザインを根本から見直す（リデザインする）必要があるのだ。もう一つのR（Redesign）である。[19]

再使用のためのリデザイン

いままで簡単に捨てていた物をごみにしないで何度も使う試みがドイツで始まっている。

狙いはコーヒーカップだ。ドイツでは年間に二八億個のコーヒーカップを使用していた。これは一時間に三二万個に相当する。

ベルリン、ハンブルク、フライブルクなど一部の都市では紙カップを廃止してポリプロピレン製のカップまたはタンブラーに変更し、デポジット制(有料で貸し出すこと)にした。加盟しているコーヒーショップは、カップのデポジット料金として一～一・五ユーロをコーヒー代に加算してお客に提供する。

コーヒーを飲み終わった客は、この制度を導入しているどの店舗でもいいので立ち寄ってカップを返却すればお金が戻ってくる仕組みだ。受け取った店舗ではカップを洗浄して、またお客に提供することで、同じカップが何度も再使用されている。

再使用できるようにするためには、すぐに壊れない製品を作ることがポイントになる。安価で大量に売られている、安かろう悪かろうですぐに壊れる(＝ごみになる)プラスチック製品を減らし、耐久性の高い、そして修理が可能な製品を作っていくことだ。もちろんリサイクルのしやすさも視野にいれていく。

リサイクルのためのリデザイン

リサイクルしやすい(リサイクルしたくなる)製品を開発するには、まず単一の材質でつくること。昨今のプラスチック製品の多くは複数材質で作られているためリサイクルが難しい(第二章)。さらにリサイクル過程を汚染しない安全な添加剤や接着剤を利用することだ。

さらにリサイクルを進めるために、プラスチックをモノマー化するケミカルリサイクルの技術の普及も必要になる。通常プラスチックをリサイクルするには、材質の選別後に洗浄・異物の除去・粉砕・溶解というプロセスを経る。そこにコストがかかる。そして大半のプラスチックはリサイクルすると品質が落ちていく。

ところがプラスチックの基本ユニットであるモノマー（分子）に戻すことができれば、製造時に使用された化学物質を分離し、新しいポリマーにリメイクできるようになる。こうすることで、ガラスと同じように永続して使える材料になり、環境中のプラスチックごみに価値が生まれ、回収が進んでいく。

すでにこうしたリデザインの動きが進んでいる。例えばＩＢＭ（米）は、汚れたプラスチックでも洗浄や異物除去することなく、短時間でモノマー化し新しいプラスチックにリサイクルする技術の開発を進めているところだ。

サービスをリデザイン

製品のデザインだけではない。商品を提供するサービスも変更をせまられている。商品のパッケージフリー化や梱包材をごみにしない手段も検討されている。

オンラインで注文した商品は大量のプラスチック梱包材に包まれて届く。新しい電化製品を買ったときのことを思い出せばいい。箱を開けるとこれでもかと言うほどビニール袋と発泡スチロールとナイロンの紐がでてくる。これらの梱包材はすぐにごみになる。

　ならば梱包材を再使用できるものに変え、箱と一緒にデポジット制にして消費者に負担させる。消費者は梱包材と容器を返却することで返金が受け取れる仕組みをつくることで、商品の発送側は大幅な経費の節約になるとともに大幅なごみの削減につながる。

　世界二〇カ国でリサイクルに取り組んでいるテラサイクルは、使い終わった容器を回収・洗浄してリユース（再使用）する販売プラットフォーム（ＬＯＯＰ）を提案している。たとえばＬＯＯＰのウェブサイトからハーゲンダッツをオンラインで注文すると、注文したアイスクリームがリユース式配送バッグで運ばれてくる。もちろんアイスの容器もごみにはしない。容器もステンレス製だ。食べ終わったら容器を配送バッグに戻し、後で宅配業者が回収に来る。そして洗浄・補充してまた顧客へ配達される。すでにＰ＆Ｇ、ペプシコ、コカコーラ、ネスレ、ダノン、ザ・ボディショップなどの大手がＬＯＯＰへの参加を表明している。

　このようなサービスは、ＢｔｏＢ（企業間の取引）にも言えることだ。世界中から魚介類が届く築地市場（いまは豊洲市場）では毎日五万個の発泡スチロール容器がごみになっているが、これらも再利用可能な頑丈な保冷容器に変更すれば膨大な量のプラスチックごみを減らせる。

個人のライフスタイルもリデザイン

不必要な「使い捨て」への依存から脱却するためには、個人のライフスタイルの変革も必要だ。マイバッグやマイボトルなど、何度も使えるものに切り替えていくことだ（ある意味、昔に戻ることになる）。

マイバッグを持ち歩き、コンビニではレジ袋をもらわない。気軽に自動販売機でペットボトル入りの飲料を買うのではなく、マイボトルを持ち歩く。このように使い捨てプラスチックをできるだけ断る、もう一つのR（Refuse 断る）が威力を発揮する。

使い捨てプラスチックを減らして生活する習慣を定着させていくためには社会のサポートも必要だ。ペットボトルの購入をやめるよう街中に給水ステーションの設置や、その宣伝が必要になってくる。簡単でやりやすく、取り組みたいと思わせるようなことから始めなければならない。

大手飲料メーカーのペプシコは、マイボトルに飲みたいソーダを入れるマシンの開発を進めている。実現すれば街角や駅構内の自動販売機で、気軽にマイボトルに飲み物を充塡できるようになるだろう。

バイオプラスチックで問題は解決するか？

バイオプラスチックという環境に優しいとされるプラスチックがある。このバイオプラスチック、はたして海洋プラスチック汚染の救世主となるだろうか。

最初に知っておきたい事実として、すべてのバイオプラスチックが植物などの生物資源

（バイオマス）から作られるわけではない。石油などの化石資源を原料にするものもある。また、すべてのバイオプラスチックが微生物に分解されるとは限らず、まったく分解されないものもある。

バイオプラスチックは大別すると、(一)バイオマスプラスチックと、(二)生分解性プラスチックに分けられ、どちらかであれば「バイオ」プラスチックと名乗ることができる。

バイオマスプラスチック

「バイオマスプラスチック」は、石油系のプラスチックとは異なり、植物などのバイオマスから作られたプラスチックだ。石油系プラスチックの代替として期待され、研究・開発が進められている。

バイオマスとは、具体的には、動植物、生物の遺骸や排泄物、農産物、食品廃棄物などを含むが、一般的なバイオマスプラスチックは、トウモロコシ、藻類、小麦、ジャガイモ、大豆、タピオカ、ココナッツ、サトウキビ、木などの再生可能な植物バイオマスから作られる。[135]

バイオマスプラスチックは原料がバイオマスであればよく、それが生物に分解できようができまいが関係ない。そのため生分解性と非生分解性のバイオマスプラスチックがある。

生分解性のバイオマスプラスチックとして最も有名なのはポリ乳酸（ＰＬＡ）だ。トウモロコシなどの植物からとったデンプンを乳酸発酵したものを重合して合成される。発酵は微生物の力で行うため、製造時のエネルギーが少なくてすむのが利点だ。

一方、非生分解性のバイオマスプラスチックには、サトウキビを原料とするバイオポリエチレンや、バイオペットなどがある。従来のポリエチレンやペットの特性をもつように開発されているので、寿命や使用方法などは従来の石油系プラスチックと変わらない。

バイオマスプラスチックは、原料や製品の重量のうち二五%以上がバイオマス由来ならバイオマスプラスチックと認定される。[135] だからすべてのバイオマスプラスチックが天然の再生可能な材料で完全に作られているわけではない。

生分解性プラスチック

「生分解性プラスチック」とは、その原料が石油だろうがバイオマスだろうが、一定条件の下で微生物に分解されるプラスチックのことだ。グリーンプラスチックとも呼ばれ、自然に還るというコンセプトのもとさまざまな包装容器やコスメに使われ始めている。

ここで言う「生分解」とは、微生物によって完全に消費され、自然的副産物である二酸化炭素・メタン・水・バイオマスのみを生じるものでなければならない。[136]

生分解性プラスチックにはバイオマス系と石油系の二種類があり、バイオマス系は先に紹介したPLAの他に、微生物から生産したポリヒドロキシアルカノエート（PHA）がある。石油系の生分解性プラスチックには、ポリカプロラクトン（PCL）や、石油由来の物質にコハク酸をあわせて作られるポリブチレンサクシネート（ＰＢＳ）やポリエチレンサクシネート（ＰＥＳ）などがある。

余談だが、生分解性プラスチックには「酸化型」の生分解性プラスチックというものがある。これはポリエチレンなど従来の石油系プラスチックに、酸化を促進する添加剤（プロデグラダント）を加えてポリマーの酸化を促進し、低分子化させたものを微生物に分解させようというものだ。[137]

酸化型の生分解性プラスチックは、酸化分解の過程で急速に微細化して、膨大な数のマイクロプラスチックを生み出す。その酸化分解スピードは速いので、あたかも大きなプラスチック製品が急速になくなるような印象を与えるが、発生したマイクロプラスチックは従来のマイクロプラスチックと何ら変わらず、海などの自然環境条件下では、完全に生物分解されるのにきわめて長い年月がかかる。そのため酸化型生分解性プラスチックはグリーンプラスチックのカテゴリーには入らず、ＥＵでは酸化型生分解性プラスチックの規制を検討している。

海中では分解しない生分解性プラスチック？

生分解性プラスチックなら海に漏れ出ても速やかに分解されると思っていたらそれは大まちがいだ。現在市場に出回っている生分解性プラスチックの大半はポリ乳酸（ＰＬＡ）だが、生分解に五〇度以上の温度を必要とするため海洋環境中では分解されない[138]。海中で五〇度以上の環境は深海の熱水噴出孔付近くらいだろう。「生分解性」と書いてあっても、それはコンポスト(生ごみや下水汚泥などを発酵腐熟させた肥料)という特殊な条件で生分解するのであって「海洋生分解性」ではない[139]。

本来なら、生分解性プラスチックは、土壌や河川・海洋などの自然環境下で微生物により分解・消費され、自然に還っていかなければならない。しかし自然環境下で生分解性を評価する方法は、試験が長期にわたる上に、場所や季節によって結果がバラつくため、たいていコンポストを用いた方法で生分解性が評価されている。

生分解性の試験の多くは、温度が二〇〜六〇度で実施され、閉鎖系で、温度・通気および水分レベルがコントロールされた条件で行われる[135]。微生物も特定のものが評価に使われることもある。

このような特殊な条件下で許容範囲の時間スケール内に完全に分解されたプラスチックはすべて、「生分解可能」や「堆肥化可能」と名乗ることができるのだ。しかし、そう名乗ることが許されたからといって、海でも同じように分解されるわけではない[140]。

海中でも生分解できるプラスチック

先ほど紹介したポリ乳酸(PLA)は海中で分解されないが、海中で分解する生分解性プラスチックもある。バイオマス系のＰＨＡや石油系のＰＣＬは海水中でも条件によるが数カ月以内に分解する。東京湾で行われた実験では、ＰＣＬやＰＨＡが水温二〇度の海水で四〇日以内に部分的または完全に分解されることが示されている。[141]

ＰＣＬにしろＰＨＡにしろ、比重が海水よりも大きいため、海に入ってしまえば直ちに沈降する。水温が二〇度以上の海底に留まってくれればリーズナブルな時間内に分解する可能性はあるが、それは周囲の微生物条件に左右される。だが海底の泥の中に潜り込んでしまうと酸素が足りずに分解されない。[142]

また冷たい(たとえば四度くらいの)深海の海底に沈んでしまえば分解はかなり遅くなる。ただ水温が低くてもバイオマス系のＰＨＡのほうが石油系のＰＣＬよりも分解は速いようだ。実際に深海からはＰＨＡを分解する微生物も見つかり始めている。[143]

バイオプラスチックの未来

これまで述べたことをまとめると、バイオプラスチックには、(一)非生分解性バイオマスプラスチック、(二)生分解性の石油系プラスチック、(三)生分解性バイオマスプラスチックの三種類がある。このうち、バイオポリエチレンやバイオペットのように非生分解性バイオマスプラスチックは、自然環境で分解されることはないため、従来の石油系プラスチックと変わりなく、海洋プラスチックごみの根本的な問題の解決策にはならない。

次にＰＣＬやＰＢＳのような生分解性の石油系プラスチックは、バイオマス系よりも安く作れるし海中でも分解するという利点はあるが、リサイクルはできないし、そもそも石油を使うのでパリ協定には相容れない[19]。

今後さらに需要が伸びるのはＰＨＡやＰＬＡを含む生分解性バイオマスプラスチックだろう。環境にやさしいプラスチックとは、再生可能な材料で作られ、生分解性があり、毒性がないことだ[19]。ＰＬＡとＰＨＡはこれらの条件を満たすし、どちらもリサイクル可能である。

ＰＬＡは海中では分解しないものの、現在最も広く生産されている生分解性プラスチックであり、硬質ポリエチレンの代替としても注目されている。利用を拡大するとともに、余さず回収するスキームを構築してリサイクルを促し、ごみになったものは堆肥化または必要があれば焼却処分すればよい。バイオマス由来なので燃やしてもカーボンニュートラルだ。

さらに海に漏れ出す可能性がある使い捨てプラスチックにはＰＨＡを使えばいいだろう。もちろん廃棄物の管理を徹底して、リサイクルまたは堆肥化(または焼却)を進めて漏れ出さないようにすることが先決だが、それでも漏れてしまったときの保険だ。

いまのところ生分解性プラスチックの世界生産量は、プラスチック生産量全体の〇・三％程度とごくわずかだ(二〇一六年時点)[144]。過剰なプラスチック包装・容器や一瞬でごみとなる大量の使い捨てプラスチックの使用量をとことん減らすことがまず何よりも取り掛かるべき課題だが、一方で生分解性バイオマスプラスチックとセルロースなど他のバイオマス系素材の早い普及に期待したい。

日本政府は二〇三〇年までにバイオマスプラスチックを約二〇〇万トン導入する目標を立てている。[145]

あとがき

この本は、海洋プラスチックの研究を始めて間もない私が自身の勉強のために集めた情報を一般向けにまとめたものです。もともとサンゴ礁や深海生態系の研究が専門の私ですが、海の生態学者としてプラスチック汚染には非常に関心がありました。海のプラスチック問題は、いままさに目のまえで起きており、取り組まなければならない問題です。

私が所属する国立研究開発法人海洋研究開発機構（ＪＡＭＳＴＥＣ）は、二〇一九年春から海洋プラスチック動態研究グループを立ち上げ、海洋プラスチックの研究を本格的にスタートしました。他の大学などに比べるとかなり後発ですが、私たちは深海や外洋をターゲットにプラスチック汚染の広がりや生物への影響を調べています。

それだけではありません。マイクロプラスチックを迅速に分析する装置の開発や、海中で分解する新素材の開発、プラスチックに付着する微生物の研究に取り組む研究者もいます。ぜひ、これからのＪＡＭＳＴＥＣの海洋プラスチック研究に注目してください。

アメリカ留学中の二〇一七年に始めたブログ「プラスチックの海（現、プラなし生活）」をもとにしたこの本ですが、やっと書き上げることができました。本書をまとめるにあたって、最初に原稿を読んで出版社へつなげてくださったＪＡＭＳＴＥＣの高井研さん、原稿を確認下さった野中裕子さん、出版を後押ししてくださった岩波書店の押田連さんにお礼申し上げます。最後に、三人の小さな子どもを育てながら、この本を書き始めた私を陰で応援してくれた妻に心から感謝します。

●岩波科学ライブラリー〈既刊書〉

283 中村　滋
素数物語
アイディアの饗宴
本体一三〇〇円

すべての数は素数からできている。フェルマー、オイラー、ガウスなど数学史の巨人たちがその秘密の解明にどれだけ情熱を傾けたか。彼らの足跡をたどりながら、素数の発見から「素数定理」の発見までの驚きの発想を語り尽くす。

284 グレアム・プリースト　訳菅沼　聡、廣瀬　覚
論理学超入門
本体一六〇〇円

とっつきにくい印象のある〈論理学〉の基本を概観しながら、背景にある哲学的な問題をわかりやすく説明する。問題や解答もあり。好評「《1冊でわかる》論理学」にチューリング、ゲーデルに関する二章を加えた改訂第二版。

285 傳田光洋
皮膚はすごい
生き物たちの驚くべき進化
本体一二〇〇円

ポロポロとはがれ落ちる柔な皮膚もあれば、かたや脱皮でしか脱げない頑丈な皮膚。からだを防御するだけでなく、色や形を変化させて気分も表現できる。生き物たちの「包装紙」のトンデモな仕組みと人の進化がついに明らかになる。

286 海部健三
結局、ウナギは食べていいのか問題
本体一二〇〇円

土用の丑の日、店頭はウナギの蒲焼きでにぎやかだ。でも、ウナギって絶滅危惧種だったはず……。結局のところ絶滅するの？　土用の丑に食べてはいけない？　気になるポイントをQ&Aで整理。ウナギと美味しく共存する道を探る。

287 藤田祐樹
南の島のよくカニ食う旧石器人
本体一三〇〇円

謎多き旧石器時代。何万年もの間、人々はいかに暮らしていたのか。えっ、カニですか……⁉　貝でビーズを作り、旬のカニをたらふく食べる。沖縄の洞窟遺跡から見えてきた、旧石器人の優雅な生活を、見てきたようにいきいきと描く。

278
嗅覚はどう進化してきたか
生き物たちの匂い世界
新村芳人
本体一四〇〇円
人間は四〇〇種類の嗅覚受容体で何万種類もの匂いをかぎ分けるが、そのしくみはどうなっているのか。環境に応じて、ある感覚を豊かにし、ある感覚を失うことで、種ごとに独自の感覚世界をもつにいたる進化の道すじ。

279
科学者の社会的責任
藤垣裕子
本体一三〇〇円
驚異的に発展し社会に浸透する科学の影響はいまや誰にも正確にはわからない。科学技術に関する意思決定と科学者の社会的責任の新しいあり方を、過去の事例をふまえるとともにEUの昨今の取り組みを参考にして考える。

280
組合せ数学
ロビン・ウィルソン　訳 川辺治之
本体一六〇〇円
ふだん何気なく行っている「選ぶ、並べる、数える」といった行為の根底にある法則を突き詰めたのが組合せ数学。古代中国やインドに始まり、応用範囲が近年大きく広がったこの分野から、バラエティに富む話題を紹介。

281
メタボも老化も腸内細菌に訊け！
小澤祥司
本体一三〇〇円
癌の発症に腸内細菌はどこまで関与しているのか？　関わっているとしたら、どんなメカニズムで？　腸内細菌叢を若々しく保てば、癌の発症を防いだり、老化を遅らせたり、認知症の進行を食い止めたりできるのか？

282
予測の科学はどう変わる？
人工知能と地震・噴火・気象現象
井田喜明
本体一二〇〇円
自然災害の予測に人工知能の応用が模索されている。人工知能による予測は、膨大なデータの学習から得られる経験的な推測で、失敗しても理由は不明、対策はデータを増やすことだけ。どんな可能性と限界があるのか。

定価は表示価格に消費税が加算されます。二〇二〇年九月現在

●岩波科学ライブラリー〈既刊書〉

273
イアン・スチュアート　訳 川辺治之
無限
本体一五〇〇円
取り扱いを誤ると、とんでもないパラドックスに陥ってしまう無限を、数学者はどう扱うのか。正しそうでもあり間違ってもいそうな9つの例を考えながら、算数レベルから解析学・幾何学・集合論まで、無限の本質に迫る。

274
松沢哲郎
分かちあう心の進化
本体一八〇〇円
今あるような人の心が生まれた道すじを知るために、チンパンジー、ボノボに始まり、ゴリラ、オランウータン、霊長類、哺乳類……と比較の輪を広げていこう。そこから見えてきた言語や芸術の本質、暴力の起源、そして愛とは。

275
松本 顕
時をあやつる遺伝子
本体一三〇〇円
生命にそなわる体内時計のしくみの解明。ショウジョウバエを用いたこの研究は、分子行動遺伝学の劇的な成果の一つだ。次々と新たな技を繰り出し一番乗りを争う研究者たち。ノーベル賞に至る研究レースを参戦者の一人がたどる。

276
濱尾章二
「おしどり夫婦」ではない鳥たち
本体一二〇〇円
厳しい自然の中では、より多く子を残す性質が進化する。一見、不思議に見える不倫や浮気、子殺し、雌雄の産み分けも、日々奮闘する鳥たちの真の姿なのだ。利己的な興味深い生態をわかりやすく解き明かす。

277
金 重明
ガロアの論文を読んでみた
本体一五〇〇円
決闘の前夜、ガロアが手にしていた第1論文。方程式の背後に群の構造を見出したこの論文は、まさに時代を超越するものだった。簡潔で省略の多いその記述の行間を補いつつ、高校数学をベースにじっくりと読み解く。

中嶋亮太

国立研究開発法人海洋研究開発機構(JAMSTEC ジャムステック)研究員．博士(工学)．1981 年生まれ．2009 年創価大学大学院修了後，同大学助教，JAMSTEC ポストドクトラル研究員，米国スクリップス海洋研究所の研究員を経て，2018 年から現職．JAMSTEC に新設された海洋プラスチック動態研究グループのメンバーとして海のプラスチック汚染について調査研究を進めている．日本サンゴ礁学会川口奨励賞．著書に『深海と地球の事典』(分担執筆・丸善出版)がある．人気ウェブサイト「プラなし生活」(https://lessplasticlife.com)の運営者を務める．

岩波 科学ライブラリー 288

海洋プラスチック汚染

——「プラなし」博士、ごみを語る

2019 年 9 月 19 日 第 1 刷発行
2020 年 9 月 15 日 第 5 刷発行

著 者 中嶋亮太《なかじまりょうた》

発行者 岡 本 厚

発行所 株式会社 岩波書店
〒101-8002 東京都千代田区一ツ橋 2-5-5
電話案内 03-5210-4000
https://www.iwanami.co.jp/

印刷・製本 法令印刷 カバー・半七印刷

ISBN 978-4-00-029688-5 Printed in Japan

参考文献

1 Lavers, J. L. & Bond, A. L. Exceptional and rapid accumulation of anthropogenic debris on one of the world's most remote and pristine islands. *Proc. Natl. Acad. Sci.* **114**, 6052-6055 (2017).

2 Cózar, A. *et al.* The Arctic Ocean as a dead end for floating plastics in the North Atlantic branch of the Thermohaline Circulation. *Sci. Adv.* **3**, e1600582 (2017).

3 Isobe, A., Uchiyama-Matsumoto, K., Uchida, K. & Tokai, T. Microplastics in the Southern Ocean. *Mar. Pollut. Bull.* **114**, 623-626 (2017).

4 Waller, C. L. *et al.* Microplastics in the Antarctic marine system: an emerging area of research. *Sci. Total Environ.* **598**, 220-227 (2017).

5 Van Sebille, E. *et al.* A global inventory of small floating plastic debris. *Environ. Res. Lett.* **10**, 124006 (2015).

6 Jambeck, J. R. *et al.* Plastic waste inputs from land into the ocean. *Science* **347**, 768-771 (2015).

7 Andrady, A. L. Persistence of plastic litter in the oceans. in *Marine anthropogenic litter* (eds. Bergmann, M., Gutow, L. & Klages, M.) 57-72 (Springer, Cham, 2015).

8 Neufeld, L., Stassen, F., Sheppard, R. & Gilman, T. The new plastics economy: rethinking the future of plastics. in *World Economic Forum* (2016).

9 Plastics Europe. *Plastics —— the Facts 2017. An analysis of European plastics production, demand and waste* (2018).

10 The Fiber Year. The Fiber Year 2017: World Survey on Textiles & Nonwovens. *The Fiber Year,* GmbH (2017).

11 Laville, S. & Taylor, M. A million bottles a minute: world's plastic binge 'as dangerous as climate change'. *The Guardian* 28 June (2017).

12 Massey, L. Greenpeace report reveals plastic footprint of world's largest soft drinks companies. *Greenpeace* (2017). Available at: http

s://www.greenpeace.org.uk/press-releases/greenpeacereport-reveals-plastic-footprint-worlds-largest-soft-drinks-companies-20170314/.

13 Geyer, R., Jambeck, J. R. & Law, K. L. Production, use, and fate of all plastics ever made. *Sci. Adv.* **3**, e1700782 (2017).

14 UNEP & GRID-Arendal. Marine Litter Vital Graphics. United Nations Environment Programme and GRID-Arendal. Nairobi and Arendal (2016).

15 Han, D., Currell M. J. & Cao G. Deep challenges for China's war on water pollution. *Environ. Pollut.* **218**, 1222-1233 (2016).

16 UNEP. Single-Use Plastics: A Roadmap for Sustainability. *United Nations Environmental Programme* (2018).

17 Shui, S. & Plastina, A. World Apparel Fiber Consumption Survey. International Cotton Advisory Committee, Washington, DC (2013).

18 NSWEPA (New South Wales Environmental Protetion Authority). *Plastic shopping bags: Options paper* (2016).

19 Moss, E., Eidson, A. & Jambeck, J. Sea of Opportunity: Supply Chain Investment Opportunities to Address Marine Plastic Pollution. Encourage Capital on behalf of Vulcan, Inc., New York (2017).

20 環境省. プラスチックを取り巻く国内外の状況(2019). Available at: http://www.env.go.jp/council/03recycle/y0312-05/s1.pdf.

21 プラスチック循環利用協会. プラスチックリサイクルの基礎知識 2019 (2019).

22 杉本裕明. ルポ にっぽんのごみ. 岩波書店(2015).

23 日本経済新聞. 行き場失う廃プラ 日米欧輸出, 中国規制で半減. 日本経済新聞 3 月 28 日(2019).

24 Sherrington, C. Plastics in the marine environment. *Eunomia Res. Consult. Ltd.* 13 (2016).

25 Schmidt, C., Krauth, T. & Wagner, S. Export of plastic debris by rivers into the sea. *Environ. Sci. Technol.* **51**, 12246-12253 (2017).

26 Lebreton, L. C. M. *et al.* River plastic emissions to the world's oceans. *Nat. Commun.* **8**, 15611 (2017).

27 Wilson, R. W. *et al.* Contribution of fish to the marine inorganic carbon cycle. *Science* **323**, 359-362 (2009).

28 高田秀重＆山下麗．海洋プラスチック汚染概論：研究の歴史，動態，化学汚染(特集 プラスチック汚染を上流で抑える)．用水と廃水 **60**(1)，29-40(2018)．

29 Barnes, D.K. A., Galgani, F., Thompson, R.C. & Barlaz, M. Accumulation and fragmentation of plastic debris in global environments. *Philos. Trans. R. Soc. B Biol. Sci.* **364**, 1985-1998 (2009).

30 NOAA. What is marine debris (2018). Available at: https://oceanservice.noaa.gov/facts/marinedebris.html.

31 Rochman, C.M. *et al.* Scientific evidence supports a ban on microbeads. *Environ. Sci. Technol.* **49**, 10759-10761 (2015).

32 Hartline, N.L. *et al.* Microfiber masses recovered from conventional machine washing of new or aged garments. *Environ. Sci. Technol.* **50**, 11532-11538 (2016).

33 Hernandez, E., Nowack, B. & Mitrano, D.M. Polyester textiles as a source of microplastics from households: a mechanistic study to understand microfiber release during washing. *Environ. Sci. Technol.* **51**, 7036-7046 (2017).

34 Horton, A.A., Walton, A., Spurgeon, D.J., Lahive, E. & Svendsen, C. Microplastics in freshwater and terrestrial environments: Evaluating the current understanding to identify the knowledge gaps and future research priorities. *Sci. Total Environ.* **586**, 127-141 (2017).

35 Malik, O.A., Hsu, A., Johnson, L.A. & de Sherbinin, A. A global indicator of wastewater treatment to inform the Sustainable Development Goals (SDGs). *Environ. Sci. Policy* **48**, 172-185 (2015).

36 Nizzetto, L., Futter, M. & Langaas, S. Are agricultural soils dumps for microplastics of urban origin? *Environ. Sci. Technol.* **50**, 10777-10779 (2016).

37 Ocean Conservancy. *Building a Clean Swell: 2018 Report. International Coastal Cleanup* (2018).

38 Novotny, T.E. & Slaughter, E. Tobacco product waste: an environmental approach to reduce tobacco consumption. *Curr. Environ. Heal. reports* **1**, 208-216 (2014).

39 Puls, J., Wilson, S.A. & Hölter, D. Degradation of cellulose ace-

tate-based materials: a review. *J. Polym. Environ.* **19**, 152-165 (2011).

40 Jang, Y. C. *et al.* Sources of plastic marine debris on beaches of Korea: more from the ocean than the land. *Ocean Sci. J.* **49**, 151-162 (2014).

41 Macfadyen, G., Huntington, T. & Cappell, R. *Abandoned, lost or otherwise discarded fishing gear.* Food and Agriculture Organization of the United Nations (FAO) (2009).

42 Alvito, A. *et al.* Amount and distribution of benthic marine litter along Sardinian fishing grounds (CW Mediterranean Sea). *Waste Manag.* **75**, 131-140 (2018).

43 Wilcox, C. *et al.* Ghostnet impacts on globally threatened turtles, a spatial risk analysis for northern Australia. *Conserv. Lett.* **6**, 247-254 (2013).

44 Ocean Conservancy. Tracking trash 25 years of action for the Ocean. *Organ. Report. ICC Rep.* (2011).

45 Andrady, A. L. Environmental degradation of plastics under land and marine exposure conditions. in *Proceedings of the 2nd International Conference on Marine Debris* (eds. Shomura, R. S. & Godfrey, M. L.) NOAA Tech. Memo. NMFS, NOAA-TM-NMFS-SWFSC-154. 848-869 (1990).

46 UNEP. *Marine Plastic Debris and Microplastics: Global Lessons and Research to Inspire Action and Guide Policy Change* (2016).

47 Hammer, J., Kraak, M. H. S. & Parsons, J. R. Plastics in the marine environment: the dark side of a modern gift. *Rev. Environ. Contam. Toxicol.* **220**, 1-44 (2012).

48 Smallcombe, M. Lego still washing up in Cornwall 22 years after huge wave tipped cargo ship. *Cornwall Live* (2019). Available at: https://www.cornwalllive.com/news/cornwall-news/lego-still-washing-up-cornwall-2563659.

49 Gregory, M. R. Plastic pellets on New Zealand beaches. *Mar. Pollut. Bull.* **8**, 82-84 (1977).

50 Yamashita, R. & Tanimura, A. Floating plastic in the Kuroshio current area, western North Pacific Ocean. *Mar. Pollut. Bull.* **4**,

485-488 (2007).
51 チャールズ・モア&カッサンドラ・フィリップス. プラスチックスープの海——北太平洋巨大ごみベルトは警告する. NHK 出版(2012).
52 Isobe, A., Iwasaki, S., Uchida, K. & Tokai, T. Abundance of non-conservative microplastics in the upper ocean from 1957 to 2066. *Nat. Commun.* **10**, 417 (2019).
53 Isobe, A., Uchida, K., Tokai, T. & Iwasaki, S. East Asian seas: a hot spot of pelagic microplastics. *Mar. Pollut. Bull.* **101**, 618-623 (2015).
54 Van Cauwenberghe, L., Devriese, L., Galgani, F., Robbens, J. & Janssen, C. R. Microplastics in sediments: a review of techniques, occurrence and effects. *Mar. Environ. Res.* **111**, 5-17 (2015).
55 Chiba, S. *et al.* Human footprint in the abyss: 30 year records of deep-sea plastic debris. *Mar. Policy* **96**, 204-212 (2018).
56 Peng, X. *et al.* Microplastics contaminate the deepest part of the world's ocean. *Geochemical Perspect. Lett.* **9**, 1-5 (2018).
57 Lebreton, L.-M., Greer, S. D. & Borrero, J. C. Numerical modelling of floating debris in the world's oceans. *Mar. Pollut. Bull.* **64**, 653-661 (2012).
58 Eriksen, M. *et al.* Plastic pollution in the world's oceans: more than 5 trillion plastic pieces weighing over 250,000 tons afloat at sea. *PLoS One* **9**, e111913 (2014).
59 Woodall, L. C. *et al.* The deep sea is a major sink for microplastic debris. *R. Soc. open Sci.* **1**, 140317 (2014).
60 Koelmans, A. A., Kooi, M., Law, K. L. & van Sebille, E. All is not lost: deriving a top-down mass budget of plastic at sea. *Environ. Res. Lett.* **12**, 114028 (2017).
61 Michels, J., Stippkugel, A., Lenz, M., Wirtz, K. & Engel, A. Rapid aggregation of biofilm-covered microplastics with marine biogenic particles. *Proc. R. Soc. B Biol. Sci.* **285**, 20181203 (2018).
62 Cole, M. *et al.* Microplastics alter the properties and sinking rates of zooplankton faecal pellets. *Environ. Sci. Technol.* **50**, 3239-3246 (2016).
63 Katija, K., Choy, C. A., Sherlock, R. E., Sherman, A. D. & Robi-

son, B. H. From the surface to the seafloor: How giant larvaceans transport microplastics into the deep sea. *Sci. Adv.* **3**, e1700715 (2017).

64 Gall, S. C. & Thompson, R. C. The impact of debris on marine life. *Mar. Pollut. Bull.* **92**, 170-179 (2015).

65 Kühn, S., Rebolledo, E. L. B. & van Franeker, J. A. Deleterious effects of litter on marine life. in *Marine anthropogenic litter* (eds. Bergmann, M., Gutow, L. & Klages, M.) 75-116 (Springer, Cham, 2015).

66 Macali, A. *et al.* Episodic records of jellyfish ingestion of plastic items reveal a novel pathway for trophic transference of marine litter. *Sci. Rep.* **8**, 6105 (2018).

67 Jacobsen, J. K., Massey, L. & Gulland, F. Fatal ingestion of floating net debris by two sperm whales (*Physeter macrocephalus*). *Mar. Pollut. Bull.* **60**, 765-767 (2010).

68 de Stephanis, R., Giménez, J., Carpinelli, E., Gutierrez-Exposito, C. & Cañadas, A. As main meal for sperm whales: Plastics debris. *Mar. Pollut. Bull.* **69**, 206-214 (2013).

69 Schuyler, Q., Hardesty, B. D., Wilcox, C. & Townsend, K. To eat or not to eat? Debris selectivity by marine turtles. *PLoS One* **7**, e 40884 (2012).

70 Wilcox, C., Puckridge, M., Schuyler, Q. A., Townsend, K. & Hardesty, B. D. A quantitative analysis linking sea turtle mortality and plastic debris ingestion. *Sci. Rep.* **8**, 12536 (2018).

71 山下麗，田中厚資＆高田秀重．海洋プラスチック汚染：海洋生態系におけるプラスチックの動態と生物への影響．日本生態学会誌 **66**(1)，51-68 (2016).

72 Auman, H. J., Ludwig, J. P., Giesy, J. P. & Colborn, T. Plastic ingestion by Laysan albatross chicks on Sand Island, Midway Atoll, in 1994 and 1995. in *Albatross Biology and Conservation* (eds. Robinson, G. & Gales, R.) 239-244 (Surrey Beatty and Sons, Sydney, Australia, 1997).

73 Tanaka, K. & Takada, H. Microplastic fragments and microbeads in digestive tracts of planktivorous fish from urban coastal waters.

Sci. Rep. **6**, 34351 (2016).
74 Davison, P. & Asch, R. G. Plastic ingestion by mesopelagic fishes in the North Pacific Subtropical Gyre. *Mar. Ecol. Prog. Ser.* **432**, 173-180 (2011).
75 Rochman, C. M. *et al.* Anthropogenic debris in seafood: Plastic debris and fibers from textiles in fish and bivalves sold for human consumption. *Sci. Rep.* **5**, 14340 (2015).
76 Romeo, T. *et al.* First evidence of presence of plastic debris in stomach of large pelagic fish in the Mediterranean Sea. *Mar. Pollut. Bull.* **95**, 358-361 (2015).
77 Andrade, M. C. *et al.* First account of plastic pollution impacting freshwater fishes in the Amazon: Ingestion of plastic debris by piranhas and other serrasalmids with diverse feeding habits. *Environ. Pollut.* **244**, 766-773 (2019).
78 Collard, F. *et al.* Microplastics in livers of European anchovies (*Engraulis encrasicolus,* L.). *Environ. Pollut.* **229**, 1000-1005 (2017).
79 Eriksson, C. & Burton, H. Origins and biological accumulation of small plastic particles in fur seals from Macquarie Island. *AMBIO A J. Hum. Environ.* **32**, 380-385 (2003).
80 Fossi, M. C. *et al.* Fin whales and microplastics: The Mediterranean Sea and the Sea of Cortez scenarios. *Environ. Pollut.* **209**, 68-78 (2016).
81 Jamieson, A. J. *et al.* Microplastics and synthetic particles ingested by deep-sea amphipods in six of the deepest marine ecosystems on Earth. *R. Soc. open Sci.* **6**, 180667 (2019).
82 Courtene-Jones, W., Quinn, B., Ewins, C., Gary, S. F. & Narayanaswamy, B. E. Consistent microplastic ingestion by deep-sea invertebrates over the last four decades (1976-2015), a study from the North East Atlantic. *Environ. Pollut.* **244**, 503-512 (2019).
83 Desforges, J.-P. W., Galbraith, M. & Ross, P. S. Ingestion of microplastics by zooplankton in the Northeast Pacific Ocean. *Arch. Environ. Contam. Toxicol.* **69**, 320-330 (2015).
84 長澤和也編著. カイアシ類学入門――水中の小さな巨人たちの世界. 東海大学出版部(2005).

85 Davidson, K. & Dudas, S. E. Microplastic ingestion by wild and cultured Manila clams (*Venerupis philippinarum*) from Baynes Sound, British Columbia. *Arch. Environ. Contam. Toxicol.* **71**, 147-156 (2016).

86 Al-Jaibachi, R., Cuthbert, R. N. & Callaghan, A. Up and away: ontogenic transference as a pathway for aerial dispersal of microplastics. *Biol. Lett.* **14**, 20180479 (2018).

87 Savoca, M. S., Wohlfeil, M. E., Ebeler, S. E. & Nevitt, G. A. Marine plastic debris emits a keystone infochemical for olfactory foraging seabirds. *Sci. Adv.* **2**, e1600395 (2016).

88 Nevitt, G. A., Veit, R. R. & Kareiva, P. Dimethyl sulphide as a foraging cue for Antarctic procellariiform seabirds. *Nature* **376**, 680 (1995).

89 永尾一平．海洋生物起源硫黄化合物の硫化ジメチル(DMS)による気候調節．エアロゾル研究 **27**(3)，269-277 (2012).

90 Vroom, R. J. E., Koelmans, A. A., Besseling, E. & Halsband, C. Aging of microplastics promotes their ingestion by marine zooplankton. *Environ. Pollut.* **231**, 987-996 (2017).

91 Savoca, M. S., Tyson, C. W., McGill, M. & Slager, C. J. Odours from marine plastic debris induce food search behaviours in a forage fish. *Proc. R. Soc. B Biol. Sci.* **284**, 20171000 (2017).

92 Allen, A. S., Seymour, A. C. & Rittschof, D. Chemoreception drives plastic consumption in a hard coral. *Mar. Pollut. Bull.* **124**, 198-205 (2017).

93 Cole, M., Lindeque, P., Fileman, E., Halsband, C. & Galloway, T. S. The impact of polystyrene microplastics on feeding, function and fecundity in the marine copepod *Calanus helgolandicus*. *Environ. Sci. Technol.* **49**, 1130-1137 (2015).

94 Sussarellu, R. *et al.* Oyster reproduction is affected by exposure to polystyrene microplastics. *Proc. Natl. Acad. Sci.* **113**, 2430-2435 (2016).

95 Okubo, N., Takahashi, S. & Nakano, Y. Microplastics disturb the anthozoan-algae symbiotic relationship. *Mar. Pollut. Bull.* **135**, 83-89 (2018).

96 Mattsson, K. *et al.* Brain damage and behavioural disorders in fish induced by plastic nanoparticles delivered through the food chain. *Sci. Rep.* **7**, 11452 (2017).
97 UNEP/DTIE Chemicals and Waste Branch. Consolidated assessment of efforts made towards the elimination of polychlorinated biphenyls. *United Nations Environmental Programme* (2017).
98 Mato, Y. *et al.* Plastic resin pellets as a transport medium for toxic chemicals in the marine environment. *Environ. Sci. Technol.* **35**, 318-324 (2001).
99 Oehlmann, J. *et al.* A critical analysis of the biological impacts of plasticizers on wildlife. *Philos. Trans. R. Soc. B Biol. Sci.* **364**, 2047-2062 (2009).
100 Rubin, B. S. Bisphenol A: an endocrine disruptor with widespread exposure and multiple effects. *J. Steroid Biochem. Mol. Biol.* **127**, 27-34 (2011).
101 Meeker, J. D., Sathyanarayana, S. & Swan, S. H. Phthalates and other additives in plastics: human exposure and associated health outcomes. *Philos. Trans. R. Soc. B Biol. Sci.* **364**, 2097-2113 (2009).
102 López-Carrillo, L. *et al.* Exposure to phthalates and breast cancer risk in northern Mexico. *Environ. Health Perspect.* **118**, 539-544 (2009).
103 独立行政法人製品評価技術基盤機構. 子供用おもちゃに関連する法規制等. Available at: https://www.nite.go.jp/chem/shiryo/product/toy/toy4.html.
104 Lithner, D., Larsson, Å. & Dave, G. Environmental and health hazard ranking and assessment of plastic polymers based on chemical composition. *Sci. Total Environ.* **409**, 3309-3324 (2011).
105 Wright, S. L. & Kelly, F. J. Plastic and human health: a micro issue? *Environ. Sci. Technol.* **51**, 6634-6647 (2017).
106 Kwon, B. G. *et al.* Monitoring of styrene oligomers as indicators of polystyrene plastic pollution in the North-West Pacific Ocean. *Chemosphere* **180**, 500-505 (2017).
107 Tanaka, K. *et al.* Facilitated leaching of additive-derived PBDEs from plastic by seabirds' stomach oil and accumulation in tissues.

Environ. Sci. Technol. **49**, 11799-11807 (2015).

108 Lu, Z. *et al.* Occurrence of substituted diphenylamine antioxidants and benzotriazole UV stabilizers in Arctic seabirds and seals. *Sci. Total Environ.* **663**, 950-957 (2019).

109 Akutsu, K., Tanaka, Y. & Hayakawa, K. Occurrence of polybrominated diphenyl ethers and polychlorinated biphenyls in shark liver oil supplements. *Food Addit. Contam.* **23**, 1323-1329 (2006).

110 Jamieson, A. J., Malkocs, T., Piertney, S. B., Fujii, T. & Zhang, Z. Bioaccumulation of persistent organic pollutants in the deepest ocean fauna. *Nat. Ecol. Evol.* **1**, 51 (2017).

111 Rochman, C. M., Hoh, E., Kurobe, T. & Teh, S. J. Ingested plastic transfers hazardous chemicals to fish and induces hepatic stress. *Sci. Rep.* **3**, 3263 (2013).

112 Seuront, L. Microplastic leachates impair behavioural vigilance and predator avoidance in a temperate intertidal gastropod. *Biol. Lett.* **14**, 20180453 (2018).

113 Koelmans, A. A., Bakir, A., Burton, G. A. & Janssen, C. R. Microplastic as a vector for chemicals in the aquatic environment: critical review and model-supported reinterpretation of empirical studies. *Environ. Sci. Technol.* **50**, 3315-3326 (2016).

114 Dawson, A. L. *et al.* Turning microplastics into nanoplastics through digestive fragmentation by Antarctic krill. *Nat. Commun.* **9**, 1001 (2018).

115 Yoshikawa, T. & Asoh, K. Entanglement of monofilament fishing lines and coral death. *Biol. Conserv.* **117**, 557-560 (2004).

116 Green, D. S., Boots, B., Blockley, D. J., Rocha, C. & Thompson, R. Impacts of discarded plastic bags on marine assemblages and ecosystem functioning. *Environ. Sci. Technol.* **49**, 5380-5389 (2015).

117 Richards, Z. T. & Beger, M. A quantification of the standing stock of macro-debris in Majuro lagoon and its effect on hard coral communities. *Mar. Pollut. Bull.* **62**, 1693-1701 (2011).

118 Carson, H. S., Colbert, S. L., Kaylor, M. J. & McDermid, K. J. Small plastic debris changes water movement and heat transfer through beach sediments. *Mar. Pollut. Bull.* **62**, 1708-1713 (2011).

119 Kiessling, T., Gutow, L. & Thiel, M. Marine litter as habitat and dispersal vector. in *Marine anthropogenic litter* (eds. Bergmann, M., Gutow, L. & Klages, M.) 141-181 (Springer, Cham, 2015).

120 Van der Meulen, M. D. *et al.* Socio-Economic Impact of Microplastics in the 2 Seas, Channel and France Manche Region. *Deltares.* Available at: https://archimer.ifremer.fr/doc/00287/39834/38359.pdf (2014).

121 Curren, E. & Leong, S. C. Y. Profiles of bacterial assemblages from microplastics of tropical coastal environments. *Sci. Total Environ.* **655**, 313-320 (2019).

122 Lamb, J. B. *et al.* Plastic waste associated with disease on coral reefs. *Science* **359**, 460-462 (2018).

123 Goldstein, M. C., Rosenberg, M. & Cheng, L. Increased oceanic microplastic debris enhances oviposition in an endemic pelagic insect. *Biol. Lett.* **8**, 817-820 (2012).

124 Van Cauwenberghe, L. & Janssen, C. R. Microplastics in bivalves cultured for human consumption. *Environ. Pollut.* **193**, 65 - 70 (2014).

125 Barboza, L. G. A., Vethaak, A. D., Lavorante, B. R. B. O., Lundebye, A. -K. & Guilhermino, L. Marine microplastic debris: An emerging issue for food security, food safety and human health. *Mar. Pollut. Bull.* **133**, 336-348 (2018).

126 Jang, Y. C., Hong, S., Lee, J., Lee, M. J. & Shim, W. J. Estimation of lost tourism revenue in Geoje Island from the 2011 marine debris pollution event in South Korea. *Mar. Pollut. Bull.* **81**, 49-54 (2014).

127 UNEP. Year Book 2014 emerging issues update. Air pollution: World's worst environmental health risk. *United Nations Environmental Programme* (2014).

128 Halleux, V. Single-use plastics and fishing gear. *European Parliamentary Research Service* (2019).

129 McIlgorm, A., Campbell, H. F. & Rule, M. J. Understanding the economic benefits and costs of controlling marine debris in the APEC region (MRC 02/2007). A report to the Asia-Pacific Economic

Cooperation Marine Resource Conservation Working Group by the National Marine Science Centre. *Univ. of New England & Southern Cross Univ.*, Coffs Harbour (2008).

130 Acoleyen, M. *et al.* Marine Litter study to support the establishment of an initial quantitative headline reduction target. *Final report - SFRA 0025* (2014).

131 Cho, D.-O. Removing derelict fishing gear from the deep seabed of the East Sea. *Mar. Policy* **35**, 610-614 (2011).

132 Slat, B. *How the oceans can clean themselves: A feasibility study* (Ocean Cleanup, 2014).

133 Laville S. UK needs bottle deposit scheme to cut plastic litter in oceans, say thinktank. *The Guardian* 4 August (2017).

134 小島道一. リサイクルと世界経済——貿易と環境保護は両立できるか. 中公新書(2018).

135 日本バイオプラスチック協会編. トコトンやさしいバイオプラスチックの本. 日本工業新聞社(2009).

136 荻野和子, 竹内茂彌&柘植秀樹編. 環境と化学——グリーンケミストリー入門. 東京化学同人(2009).

137 Ammala, A. *et al.* An overview of degradable and biodegradable polyolefins. *Prog. Polym. Sci.* **36**, 1015-1049 (2011).

138 Song, J. H., Murphy, R. J., Narayan, R. & Davies, G. B. H. Biodegradable and compostable alternatives to conventional plastics. *Philos. Trans. R. Soc. B Biol. Sci.* **364**, 2127-2139 (2009).

139 Karamanlioglu, M. & Robson, G. D. The influence of biotic and abiotic factors on the rate of degradation of poly (lactic) acid (PLA) coupons buried in compost and soil. *Polym. Degrad. Stab.* **98**, 2063-2071 (2013).

140 Kubowicz, S. & Booth, A. M. Biodegradability of plastics: challenges and misconceptions. *Environ. Sci. Technol.* **51**, 12058-12060 (2017).

141 兼廣春之, 関口峻允&加藤千明. 生分解性プラスチックの海洋環境での分解性(特集 プラスチック汚染を上流で抑える). 用水と廃水 **60**(1), 65-71 (2018).

142 高田秀重. マイクロプラスチック：21世紀の環境問題(下) 国際的動

向と対策．化学経済 **64**(2)，68-72 (2017).
143 Kato, C. *et al.* Poly 3-hydroxybutyrate-co-3-hydroxyhexanoate films can be degraded by the deep-sea microbes at high pressure and low temperature conditions. *High Press. Res.* 1-10 (2019).
144 European-Bioplastics. Global bioplastics production capacities continue to grow despite low oil price (2016). Available at: https://www.european-bioplastics.org/market-data-update-2016/.
145 環境省.「プラスチック資源循環戦略」の策定について(2019). Available at: https://www.env.go.jp/press/106866.html.